FORSCHUNGSBERICHTE
DES WIRTSCHAFTS- UND VERKEHRSMINISTERIUMS
NORDRHEIN-WESTFALEN

Herausgegeben von Staatssekretär Prof. Leo Brandt

Nr. 85

Textilforschungsanstalt Krefeld

Physikalische Untersuchungen an Fasern, Fäden, Garnen und
Geweben: Untersuchungen am Knickscheuergerät nach Weltzien

Als Manuskript gedruckt

SPRINGER FACHMEDIEN WIESBADEN GMBH

ISBN 978-3-663-03291-5   ISBN 978-3-663-04480-2 (eBook)
DOI 10.1007/978-3-663-04480-2

Forschungsberichte des Wirtschafts- und Verkehrsministeriums Nordrhein Westfalen

Gliederung

1. Einleitung .... S. 5
2. Das Knickscheuerprüfgerät .... S. 11
3. Die Untersuchungen zur Funktion des
   Knickscheuerprüfgerätes .... S. 16
4. Beobachtungen über den Scheuervorgang .... S. 28
5. Die Knickfaltung .... S. 31
6. Die Auswertung .... S. 35
7. Zusammenfassung .... S. 38

Forschungsberichte des Wirtschafts- und Verkehrsministeriums Nordrhein Westfalen

1. Einleitung

Die physikalische Untersuchung von Fasern, Fäden, Garnen und Geweben hat im allgemeinen zum Ziele, die Gebrauchsfähigkeit zahlenmässig so umfassend wie möglich zu beschreiben. Diesem Zweck dienen verschiedene Untersuchungen an fertigen Waren, die man dann in Vergleich zu den Eigenschaften der unverarbeiteten Fasern und Garne setzen kann. Voraussetzung ist aber dabei, daß man Untersuchungsmethoden für Gewebe hat, die einigermaßen den Beanspruchungen entsprechen, denen die Ware beim Gebrauch unterworfen ist. Dass Reißfestigkeitsmessungen diesen Zweck im allgemeinen nicht erfüllen, ist zur Genüge bekannt. Man muss also Scheuermethoden für Gewebe entwickeln, die einwandfrei reproduzierbare Werte liefern, bevor man an den Vergleich mit Fasern, Fäden und Garnen herangehen kann.

Ehe wir uns jedoch mit den Einzelheiten beschäftigen, sei kurz die Frage der Gebrauchstüchtigkeit und des Gebrauchswertes von Geweben erläutert.

Bei der Verwendung von Textilien im praktischen Leben wird größter Wert auf eine ausreichende Lebensdauer unter zum Teil erheblichen mechanischen Beanspruchungen gelegt. Man hat sich in Fachkreisen daran gewöhnt, hierbei vom "Gebrauchswert" zu sprechen, trotzdem man weiss, dass bei einem so komplexen Begriff die Definition und Ermittlung in Form einer einzigen Zahl auf absehbare Zeit hinaus kaum möglich, wenn nicht sogar sinnlos ist.

Zur Feststellung eines "Gebrauchswertes" würden nämlich nicht nur die Angabe der mechanischen Kennziffern einer Ware wie Festigkeit, Dehnung, Verhalten der Scheuerung, Knittern u.a.m., sondern ebenso sehr Waschbeständigkeit, Echtheitseigenschaften der Farben (z.B. gegenüber Licht, Wasser, Meerwasser, Wäsche, Schweiss, Bügeln, Bleichen u.a.m.) und schließlich Beurteilung des Griffs, des Glanzes und mancher anderer Eigenschaften, die sich beim Tragen einer Ware verändern können, gehören. Wenn man auch für die meisten dieser Eigenschaften heutzutage auf Grund vereinbarter Prüfverfahren zahlenmässige Angaben machen kann, so fehlt doch völlig ein brauchbares System, um durch eine Kombination dieser Zahlen einen "Gebrauchswert" zu errechnen. Eine solche Bewertung hängt in erster Linie vom Verwendungszweck ab und da man ein und dasselbe Gewebe zu den verschiedensten Zwecken verwenden kann, müsste man ihm auch konsequenterweise für jeden Zweck einen besonderen "Gebrauchswert" zuerteilen.

Wollte man z.B. ein Gewebe einmal in geschlossenen Räumen und ein anderes Mal an freier Luft in Wind und Wetter verwenden, so wären natürlich die Ansprüche an den "Gebrauchswert" sehr verschieden. Man kann hiergegen einwenden, dass man aus diesem Grunde für die verschiedenen Zwecke besondere Gewebe herstelle und daß es solche "allround" Ware in Wirklichkeit gar nicht gebe. Das ist richtig; trotzdem findet man aber immer wieder, dass dieselben Gewebe, wenn auch nicht bei so extremen Beanspruchungen, für recht unterschiedliche Zwecke benutzt werden.

<u>Es erscheint unter diesen Umständen vernünftiger, sich für einen gegebenen Zweck mit der Feststellung einer Anzahl der oben aufgeführten Einzelprüfungen zu begnügen und zu vereinbaren, welche Mindestanforderungen für bestimmte Verwendungszwecke erfüllt werden müssen.</u> Der wenig erfolgreiche Versuch, aus diesen Einzelwerten zu einer einzigen Zahl für den "Gebrauchswert" zu kommen, kann dann unterbleiben; das ganze Verfahren ist übersichtlich und kann leicht den verschiedensten Verhältnissen angepasst werden.

Gelegentlich wurde nun die Bewertung so aufgefasst, daß der "Gebrauchswert" nur aus Größen ermittelt werden solle, die mittels mechanisch-technologischer Prüfmethoden gemessen worden sind. Eine so einseitige Betrachtungsweise sollte man sich aber keinesfalls zu eigen machen. So ist z.B. die Bewertung der mechanischen Eigenschaften, wenn man sich lediglich auf die Festigkeit und Bruchdehnung beschränkt, mit Sicherheit unzulänglich und in vielen Fällen in bezug auf die Gebrauchseigenschaften ausgesprochen falsch. Aus diesem Grunde bemüht man sich schon seit über 35 Jahren, das Verhalten von Geweben bei Scheuerung zur Beurteilung hinzuzuziehen.

Aber allein die Tatsache, daß man, von den verschiedensten Beanspruchungsarten ausgehend, im Laufe der Jahre einige Dutzend Scheuergeräte verschiedenster Art gebaut hat, die sich für bestimmte Verwendungszwecke gebrauchen lassen, jedoch unter sich nicht unbedingt vergleichbare Resultate liefern, zeigt, dass man sich hier auf einem äusserst schwankenden Boden bewegt.

Es hat sich zwar in vielen Fällen gezeigt, dass die Extreme nach oben und unten bei den meisten Geräten in ähnlicher Weise hervortreten, aber für alles, was nur geringere Unterschiede - die aber praktisch von grosser Bedeutung sein können - zeigt, sind die Messresultate je nach der Apparatkonstruktion noch vieldeutig. Das ist auch nicht verwunderlich, wenn man die im folgenden kurz zusammengestellten verschiedenartigen Scheuermöglichkeiten berücksichtigt [1].

Flächenscheuerung

1. Scheuerung Stoff auf Stoff (ANDERLITSCHKA)
2. Scheuerung Stoff auf Scheuermittel z.B. Schmiergelpapier (SCHOPPER, FRANK-HAUSER, REPENNING, STOLL, Eidgenössisches Materialprüfungsamt St. Gallen)
3. Scheuerung Stoff gegen Perlonbürsten (Eidgenössisches Materialprüfungsamt St. Gallen)

Kanten- bzw. Knickscheurung

1. Scheuerung gegen gespannten Stahldraht (GUTMANN)
2. Scheuerung gegen Onyxkante (STOLL)
3. Scheuerung gegen Carborundumkeil (WELTZIEN)

Man erkennt aus dieser Zusammenstellung, daß weitaus die meisten Geräte das Prinzip der Flächenscheuerung verwenden, wobei als Scheuermittel fast ausschließlich Schmirgelpapier gebraucht wird.

Diese Verfahren sind zwar für manche Zwecke recht brauchbar, haben aber auch verschiedene Nachteile:

1. Die Scheuerung dauert lange, oft mehrere hundert oder über tausend Touren. Dabei wird das Scheuerpapier stark abgenutzt und muß erneuert werden. Außerdem bleibt das Gewebe bei einer so langdauernden Reibung unter Druck keineswegs unverändert.

2. Die Spannung des Gewebes ist keineswegs bei allen Geräten ausreichend definiert.

3. Kett-und Schussrichtung können nicht getrennt untersucht werden. Das

---

[1]. vergl. hierzu die Zusammenstellung bei
P.A. KOCH, G. SATLOW, W. BOBETH, Klepz. Text. Zeitschr. 45, 135 ff, 276 ff, 440 ff (1942);
H. SOMMER, ebenda 45, 264 ff, 446 ff (1942);
E. WAGNER, Bekleidung 1950, Heft 2 und 4

ist aber in vielen Fällen von größter Bedeutung.

4. Es ist nicht möglich, in einer Flüssigkeit die Scheuerung vorzunehmen. Sog. Nass-Scheuerung kann nur am durchnäßten, aber nicht an einem in eine Flüssigkeit eingetauchten Gewebe vorgenommen werden.

5. Die Entfernung der abgescheuerten Flusen ist nicht immer zuverlässig, zum Teil auch zeitraubend.

6. Der Verbrauch an Scheuerpapier ist bei Durchführung großer Serien erheblich.

Deswegen wurde an der Textilforschungsanstalt Krefeld bereits während des Krieges damit begonnen, ein Knickscheuergerät zu entwickeln. Mit einem solchen Gerät kann man

1. die Scheuerdauer auf wenige Minuten abkürzen und damit die Gefahr einer Veränderung des Gewebes während des Scheuerns erheblich verringern. Zugleich wird hierdurch die schnelle Durchführung grosser Serien möglich,

2. die Spannung genau einregulieren und während des gesamten Versuches konstant halten,

3. Kett- und Schußrichtung getrennt untersuchen. Das ist bei der Neuentwicklung von Geweben sehr wichtig.

4. die Scheuerung in beliebigen Flüssigkeiten oder Bädern bei verschiedenen Temperaturen vornehmen.

5. die abgescheuerten Flusen durch einen starken Luftstrom kontinuierlich wegblasen und dadurch ihr Einwalken in das Gewebe verhindern,

6. den Carborundumkeil, der sich nur langsam abnutzt, längere Zeit verwenden.

Ausserdem kann man auch für bestimmte Zwecke stumpfe Keile oder auch Flächen mit Stoffüberzug verwenden und damit z.B. die Wirkung einer gegenseitigen Reibung der Ware in Färbebädern untersuchen.

Schließlich kommt man zu ganz neuartigen Arbeitsweisen, z.B. der Knickfaltprüfung; hierüber wird weiter unten berichtet werden.

Im allgemeinen wurde die Scheuerprüfung bisher dergestalt vorgenommen, daß man die Scheuerung bis zum Entstehen von Löchern oder bestimmten Beschädigungen vornahm oder aber den Ablauf der Abnutzung durch die Menge des abgescheuerten Materials bestimmte. Erst WELTZIEN[2] wies darauf hin, daß schon Veränderungen wichtig seien, bei denen wägbare Fasermengen noch nicht abgescheuert werden. Insbesondere aber erkannte WELTZIEN[3], daß der Schiebeeffekt von Geweben ganz wesentlich die Scheuerfestigkeit beeinflusse. Wenn aber die Schiebefestigkeit in irgendeiner Beziehung zur Scheuerfestigkeit stand, so mußte notwendigerweise davon abgegangen werden, das zu untersuchende Gewebe beim Scheuerprozess auf eine Unterlage zu bringen, da sonst durch Verhinderung des Schiebens wesentliche Fehlschlüsse aus den erhaltenen Scheuerdaten gezogen werden könnten.

Zur Untersuchung der Scheuerfestigkeit, die nun ihrerseits wieder von der Struktur des Gewebes abhängig ist und für Entwicklungsarbeiten, z.B. bei der Untersuchung des Einflusses von verschiedenen Ausrüstungen des Gewebes im Hinblick auf die Festigkeit der Rohware usw., wird die Möglichkeit der Scheuerung in Kett- und Schußrichtung dringend erforderlich; Rundscheuerverfahren sind hierfür nicht ausreichend. Eine Verstärkung des Scheuer- bzw. Schiebeeffektes wurde weiter durch die Knickung[4] des Prüflings während des Scheuervorganges erreicht. Durch die Kombination von Knickung und Scheuerung gelang es WELTZIEN[5], ein Gerät zu schaffen, mit welchem in relativ kurzer Zeit nach einer nicht zu großen Anzahl von Scheuerungen reproduzierbare Scheuerwerte erhalten werden konnten.

Dieses Gerät war während des Krieges lediglich in einem Versuchsmodell gebaut worden (Abbildung 1), das zwar alle notwendigen und wesentlichen Teile und Kennzeichen enthielt und zu mehreren tausend Messungen diente. Es war aber noch nicht so weit durchkonstruiert, daß es Möglichkeiten geboten hätte, die Verstellung der Klemmenhöhe, der Amplitude, der Scheuergeschwindigkeit u.a.m. so schnell vorzunehmen, wie dies für den praktischen Gebrauch in großen systematischen Versuchsserien notwendig ist. Deswegen wurde in Verbindung mit der Firma Mechanische Werkstätten Lockstedter Lager eine Neukonstruktion entwickelt (Abbildung 2).

---

2. W. WELTZIEN, Mon. H. Seide u. Kunsts. 43, 334 (1938); Mitt. TFA 14, 25 (1938)
3. W. WELTZIEN, a.a.O.
4. W. WELTZIEN, E. PYHRR, ZKS 1941, S. 243
5. W. WELTZIEN, E. PYHRR, a.a.O.

Forschungsberichte des Wirtschafts- und Verkehrsministeriums Nordrhein Westfalen

Abbildung 1
Knickscheuerprüfer, erstes Modell

Abbildung 2
Knickscheuerprüfer, Trockenscheuerung

Im Laufe dieser Neukonstruktion wurden grundsätzliche Untersuchungen durchgeführt, um die Reproduzierbarkeit der Messungen sowie die Einflüsse der verschiedenen Variablen aufs eingehendste herauszuarbeiten. Die hierbei gewonnenen neuen Erkenntnisse gehen erheblich über das hinaus, was man bisher über Scheuerprozesse wußte.

2. Das Knickscheuerprüfgerät

Bei einer Flachscheuerung würde die Einspannung des zu untersuchenden Probestreifens zwischen zwei Klemmen genügen, von denen die eine fest, die andere mit bestimmter Kraft gespannt wird [6]. Soll jedoch gleichzeitig eine Knickung vorgenommen werden, so würde im allgemeinen eine starke Bewegung der freien Klemm eintreten. Dieser Schwierigkeit begegnet WELTZIEN dadurch, daß ein Scheuerkeil (Abbildung 3) an einem Arm befestigt wird, der um eine Achse schwenkbar angeordnet ist, daß der Probestreifen, über zwei Rollen als Auflagepunkte geführt, um den Keil im rechten Winkel gelegt wird, wobei die Schwenkachse genau in der Ebene liegt, die durch die beiden Auflagerollen definiert wird.

Zur Durchführung der Knickscheuerung muss das Scheuermaterial Keilform besitzen, damit der Prüfling, ohne an anderen Stellen als der eigentlichen Scheuerkante das Scheuermaterial zu berühren, stets frei gespannt bleibt.

Der Apparat (Abbildung 3) arbeitet dann wie folgt:

Der Prüfstreifen wird zunächst in der rechten Klemme K_1 genau in deren Mitte und fadengerade ohne jede Verzerrung eingespannt. Danach wird er über die vor der Klemme befindliche, leicht drehbare Walze W_1 gelegt und unter dem in der Mitte der Zeichnung dargestellten Schwenkarm A mit dem am unteren Ende befindlichen Carborundumkeil herumgeführt.

Die trapezförmige Wanne für Nassversuche muß man sich hierbei zunächst wegdenken.

Danach wird der Prüfstreifen in die zunächst in ihrer Grundstellung fixierte Klemme K_2 eingespannt. Diese sitzt auf einem leicht beweglichen Wagen, der auf zwei Schienen läuft. Er trägt an seinem linken Ende eine Schnur, die über eine Rolle läuft und mit beliebigen Gewichten belastet werden kann. Auf Abbildung 1 ist diese Vorrichtung deutlich zu erkennen.

---

6. siehe z.B. auch J.ANDERLITSCHKA, Mell.Text.Ber. 19, 899 (1938)

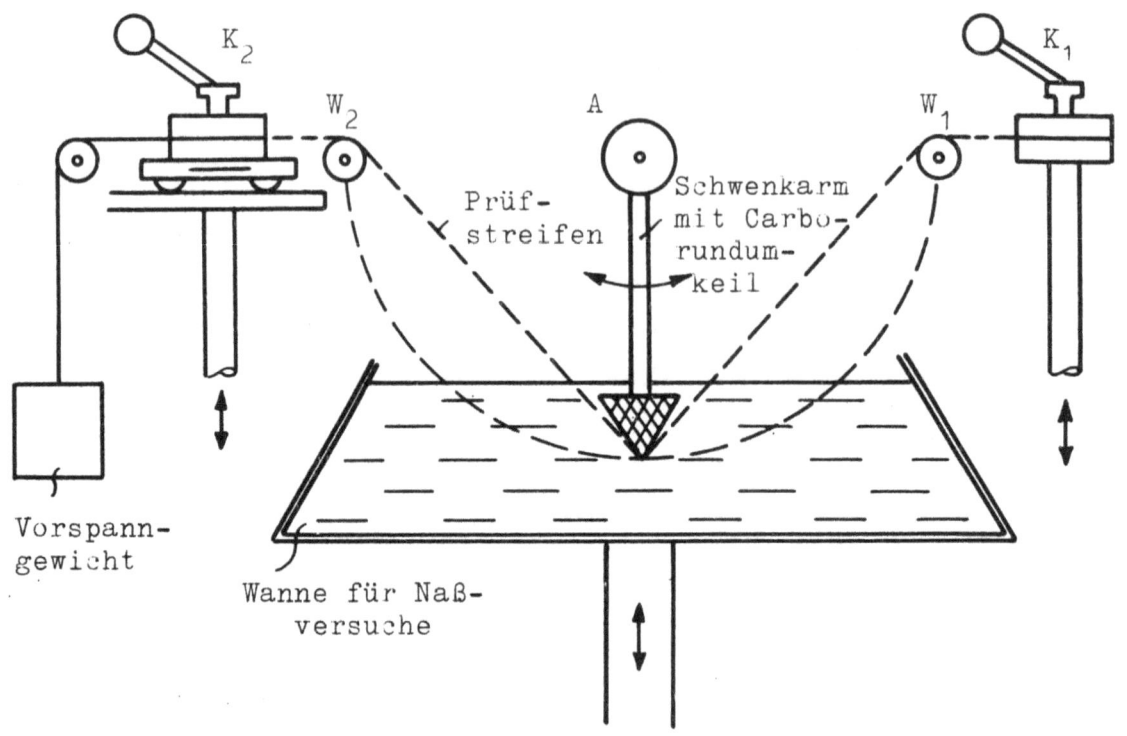

Abbildung 3
Knickscheuerprüfer, schematisch

Die leichte Beweglichkeit dieses Wagens ist deshalb unerläßlich, weil viele Gewebe erhebliche Dehnbarkeit besitzen; die Klemme K_2 muß solchen Dimensionsänderungen des Prüfstreifens sofort folgen.

In der normalen Grundstellung sind die zusammen mit den Walzen W_1 und W_2 in der Höhe verstellbaren Klemmen K_1 und K_2 so ausgerichtet, daß ihre Verbindungsgerade genau durch den Drehpunkt des Schwenkarmes A geht. Da außerdem die Entfernungen $A\,W_1$ und $A\,W_2$ sowie die senkrechte Länge des Schwenkarmes bis zur unteren Kante des Karborundumkeiles gleich sind, so liegen W_1, W_2 und die untere Keilkante auf einer um den Drehpunkt des Schwenkarmes A konstruierten Kreislinie. Der Knickwinkel des Prüfstreifens beträgt also, gleichgültig, in welcher Stellung sich der Schwenkarm befindet, stets 90°. Das ist, wie bereits erwähnt, notwendig, um starke, ruckartige Stöße auf den Prüfstreifen möglichst zu vermeiden.

Vor Ingangsetzung des Apparates wird die Fixierung der Klemme K_2 aufgehoben, so daß diese nun frei beweglich ist.

Die beiden Walzen W_1 und W_2 können durch Zahntrieb nach unten bewegt werden. Dadurch sind für bestimmte Zwecke besondere Einstellungen möglich.

Außerdem kann man den Carborundumkeil z.B. durch einen stumpfen Holz- oder Kunststoffkeil ersetzen, über den man einen beliebigen Stoff spannt. Auf diese Weise läßt sich die Wirkung einer Scheuerung von Stoff auf Stoff in beliebigen Variationen studieren. Hierbei wird der Hauptwert auf die Beurteilung der Veränderungen des textilen Gefüges sowie des Glanzes und der Flusenbildung gelegt.

Will man die bereits auf Seite 9 erwähnte Naßscheuerung in beliebigen Flüssigkeiten durchführen, dann wird die trapezförmige Wanne, die in Abbildung 3 nur schematisch dargestellt, in Abbildung 4 aber der Wirklichkeit entsprechend zu erkennen ist, mit Hilfe einer auf der Grundplatte des Gerätes angebrachten Schwalbenschwanzführung eingeführt und von unten über den eingespannten Prüfstreifen und den Carborundumkeil hochgeschoben. Die Wanne besitzt elektrische Heizung mit Thermometer und Regulierung. Die Temperaturregulierung erfolgt durch ein Bimetallthermometer.

Die eigentümliche trapezartige Form der Wanne soll das Herumspritzen der Flüssigkeit während der schnellen Hin- und Herbewegung des Keiles verhindern. Für einen erfolgreichen Verlauf der Naßscheuerung ist es wesentlich, daß Prüfstreifen und Keil nicht nur die Oberfläche der Flüssigkeit eben berühren, sondern so weit eintauchen, daß durch die Flüssigkeitsbewegung die entstehenden Flusen aus dem Gewebe herausgeschwemmt werden.

Hierin liegt ein wesentlicher Unterschied gegenüber den üblichen Methoden der "Naßscheuerung", wobei nur ein durchnäßtes Gewebe, aber auf trockener Unterlage, gescheuert wird. Hierbei tritt meist ein Einarbeiten der Flusen in die Gewebeoberfläche und damit eine Verfilzung ein, die zu einer unangenehmen Erhöhung der Scheuerzahlen führt.

Man kann diese Wirkung am Knickscheuergerät sehr einfach erkennen, wenn man einmal nur bis zur Benetzung an der Wasseroberfläche und ein zweites Mal so tief eintaucht, daß die Wellen die Flusen herunterspülen.

Sehr wichtig an dem Gerät sind ferner die Möglichkeiten zur Verstellung der Tourenzahl pro Min. (Abbildung 2, linker unterer Knopf) und der Amplitude (Abbildung 2, rechter unterer Knopf). Wie sich aus den weiter unten angeführten Untersuchungen ergibt, kann man durch geeignete Einstellung dieser Größen Bedingungen ausarbeiten, die in einem bestimmten Fall auch feinere Unterschiede besonders gut hervortreten lassen.

Wesentlich ist ferner die automatische Abschaltung beim Bruch des Probestreifens.

Für das Material des Scheuerkeiles wird heute vor allem <u>Carborundum</u> als zweckmäßig erachtet. Es hat sich herausgestellt, daß <u>selbst härtester Titanit-Sinter-Stahl nach kurzer Zeit stumpf wird</u> und so keine reproduzierbaren Ergebnisse gewährleistet. Dreikantige Carborundumfeilen sind in wohldefinierter Körnung im Handel und daher leicht zu erneuern.

Andere Formen, z.B. halbrunde Carborundumflächen, haben sich bis jetzt nicht als zweckmäßig erwiesen, weil sie die Flusen trotz starker Luftbewegung teilweise festhalten und damit an Scheuerkraft verlieren.

Es mag seltsam erscheinen, daß hier die Behauptung aufgestellt wird, daß selbst keilförmige Schneiden aus härtestem Sinterstahl beim Scheuern auf einem weichen Stoff nach einigen tausend Touren stumpf werden; es sei aber zum Verständnis dieser Erscheinung an die ebenfalls aus Textilien bestehenden Polierscheiben erinnert, mit denen man bekanntlich harte Metalloberflächen bearbeitet. Der Effekt beruht wohl in der Hauptsache darauf, daß ein weiches Material dem Metall keine Angriffsflächen bietet, sondern sich dessen leichten Unebenheiten anpaßt und diese so nach einer gewissen Zeit abschleift. Selbstverständlich werden dabei auch viele Fasern zerstört, aber im ganzen kommt die Wirkung darauf hinaus, daß die Scheuerwirkung einer solchen Metallkante allmählich von Versuch zu Versuch abnimmt und daß es daher notwendig wird, sie häufig nachzuschleifen oder eine neue zu verwenden. Das ist jedoch äußerst zeitraubend, zumal jede neue Kante mit einem Gewebe, dessen Scheuerwert genau bekannt ist, sorgfältig geeicht werden muß.

Ganz besondere Sorgfalt wird beim Knickscheuerprüfgerät nach WELTZIEN auf die <u>Beseitigung der Flusen</u> gelegt. Während bei der Flachscheuerung im allgemeinen nicht vermieden werden kann, daß die Flusen sich entweder in die Gewebeprobe oder das Scheuermaterial einlegen und so zu Fehlschlüssen in bezug auf die Beurteilung der Scheuerfestigkeit führen können, werden beim Knickscheuerprüfer die Flusen durch eine kombinierte Druckluft-

Forschungsberichte des Wirtschafts- und Verkehrsministeriums Nordrhein Westfalen

und Saugvorrichtung sofort von der Scheuerfläche entfernt. Sowohl die Druckluft- als auch die Saugdüse sind fest angeordnet. Der Scheuerkeil bewegt sich somit vor der Anblaseöffnung hin und her, und es kann so kein toter Winkel entstehen, in dem sich Flusen ansammeln. Bei einem Versuch, die Anblasedüse am Schwenkarm drehbar anzubringen und sie dadurch dessen Hin-und Herbewegung mitmachen zu lassen, hat sich die Bildung eines toten Winkels und damit zusammenhängend eine unvollstän ige Entfernung der Flusen ergeben. Vor der Saugöffnung ist ein feines Sieb leicht auswechselbar angebracht, auf dem die Flusen festgehalten werden.

Der Wert der Anwendung des Knickscheuerprüfers liegt vor allem darin, daß in relativ kurzer Zeit gute Vergleichswerte zwischen verschiedenartigsten Gewebeproben erhalten werden können.

<u>Die Prüfung auf Knickscheuerfestigkeit geschieht im allgemeinen dadurch, daß die Zahl der Hin-und Herscheuerungen bis zum Bruch der Probe gemessen wird</u>[7] , bei welchem sich das Gerät unter Anzeige der bis zum Bruch erfolgten Scheuertouren automatisch abschaltet.

Die Funktion des Knickscheuerprüfgerätes wurde mit den verschiedensten Gewebesorten unter den verschiedensten Bedingungen überprüft. Der große Vorteil des <u>Variationsmöglichkeiten</u> in bezug auf Tourenzahl, d.h. Zahl der Scheuerungen in der Minute, in bezug auf Scheueramplitude, Belastung, Scheuermaterial und schließlich auch Knickwinkel, wird vor allem dann voll ausgenutzt, wenn man die für den jeweiligen Untersuchungszweck optimalen Bedingungen auswählen muß.

Je nach Zweck und Ziel der Untersuchungen sowie je nach der Art der zu vergleichenden Gewebe wie auch nach der Art der Beanspruchung können die Versuchsbedingungen in weitem Bereich beliebig gewählt werden. - Für immer wiederkehrende gleichartige Untersuchungen stellt man zweckmäßig Standardbedingungen ein. Abweichungen von diesen Bedingungen können dann jederzeit in wohl definierter Weise beschrieben und festgestellt werden.

---

7. Man kann berechtigterweise die Frage stellen, ob eine derartige Arbeitsweise, bei der nach etwa 100 Touren der Streifen durchgescheuert ist, den viel komplizierteren Verhältnissen der Praxis entspricht. Man sollte glauben, daß die langanhaltende, aber verhältnismäßig schwache Scheuerung beim Gebrauch von Geweben auch in der Arbeitsweise eines Scheuerapparates nachgeahmt werden sollte. Entgegen dieser Vermutung hat sich aber erwiesen, daß die nach der Knickscheuermethode erhaltenen Ergebnisse sehr oft ganz ausgezeichnet mit praktischen Erfahrungen übereinstimmen. Das gilt z.B. für die Schädigung in der Wäsche (s.unten).

Forschungsberichte des Wirtschafts- und Verkehrsministeriums Nordrhein Westfalen

Abbildung 4
Knickscheuerprüfer, Naßscheuerung

3. Die Untersuchungen zur Funktion des Knickscheuerprüfgerätes

Die Variationsmöglichkeit in bezug auf die Zahl der Scheuerungen je Minute läßt in weitem Bereich die Härte der Beanspruchung frei wählen. Die Scheuerzahl je Minute kann zwischen 65 und 180 kontinuierlich verstellt werden. Hiermit können, wie die zahlreichen Versuche gezeigt haben, Beanspruchungen im Verhältnis 1 : 5 variiert werden. Die sehr schonende Behandlung bei geringer Tourenzahl geht bei höherer Tourenzahl in ein schärferes Reißen über. Dieser Übergang findet völlig kontinuierlich und für jede Gewebesorte in einem durch die Scheuerzahl bis zum Bruch deutlisch ausdrückbaren Maß statt.

Die Variationsmöglichkeit in bezug auf die Scheueramplitude führt im wesentlichen bei größeren Winkeln zu höherer Beanspruchung des Probestreifens.

Forschungsberichte des Wirtschafts- und Verkehrsministeriums Nordrhein Westfalen

Die größere Beanspruchung wird hier vor allem auf die Ränder der Scheuerfläche ausgeübt. Diese Variationsmöglichkeit, bei verschiedenen Scheuerwinkeln gemessen, wird vor allem dann mit Vorteil genützt, wenn es sich um stark schiebendes Gewebe handelt, da - falls gewünscht - je nach Schiebefähigkeit des Gewebes eine andere Amplitude eingestellt werden kann. Die Scheueramplituden sind in einem Bereiche einstellbar, der einem Beanspruchungsverhältnis von etwa 1 : 4 entspricht. - Die Scheuerfläche ist naturgemäß bei größeren Scheueramplituden größer.

Sehr empfindlich sind die Scheuerzahlen von der Spannung des Gewebes abhängig. Die Spannungen liegen in einem Belastungsbereich zwischen 0,01 g/den. und 0,05 g/den. Es leuchtet ein, daß diese geringen Spannungen während des Scheuerprozesses keine unzulässigen Dehnungen bewirken und auf diese Weise eine ungünstige Kombination von Beanspruchungen infolge von Dehnung und Scheuerung vermieden wird. Die Abhängigkeiten der Scheuerzahlen von der Belastung sind sehr gut reproduzierbar und durchaus als Vergleichswerte sicherzustellen. Als Beispiel werden in den Tabellen 1 - 3 die Ergebnisse der Knickscheuerprüfungen für Gabardine, Wäschestoffe und unausgerüstete sowie ausgerüstete Zellwollgewebe unter den verschiedensten Bedingungen wiedergegeben. Abbildung 5 zeigt die klare Abhängigkeit der Scheuerzahlen von der Belastung des Prüflings ebenfalls unter verschiedenen Bedingungen. Hier fällt besonders auf, daß die Steigerung der Tourenzahl/min von 80 auf 120 eine vergleichsweise geringe Wirkung hat, wogegen die Steigerung von 120 auf 180 Rückgänge der zum Bruch erforderlichen Tourenzahl auf etwa 1/3 bis 1/5 verursacht.

Diese Tabelle 1 zeigt als Ergänzung zu Abbildung 5 zunächst die überaus geringe Belastung in g/den., die in keiner Weise ausreicht, um unabhängig vom Scheuerprozeß irgendwelche Wirkungen auf das Gewebe auszuüben. Immerhin erkennt man aber am Absinken der Scheuerzahlen bei steigender Belastung den großen Einfluß auch kleiner Spannungsänderungen. Dieser Zusammenhang wird bei vielen Scheuerverfahren nicht genügend berücksichtigt. Ebenso deutlich ist der Einfluß der Tourenzahl, besonders aber auch der Schwingungsweite (Amplitude) des Carborundumkeiles. Ihre Vergrößerung von 25° auf 35° führt bei 80 und 120 Touren zu Verminderungen auf etwa 1/2 bis 1/3, bei 180 Touren jedoch bis herunter auf 1/4. Die verstärkende Wirkung der Perlonbeimischung (oberstes Gewebe) wird deutlich erkennbar.

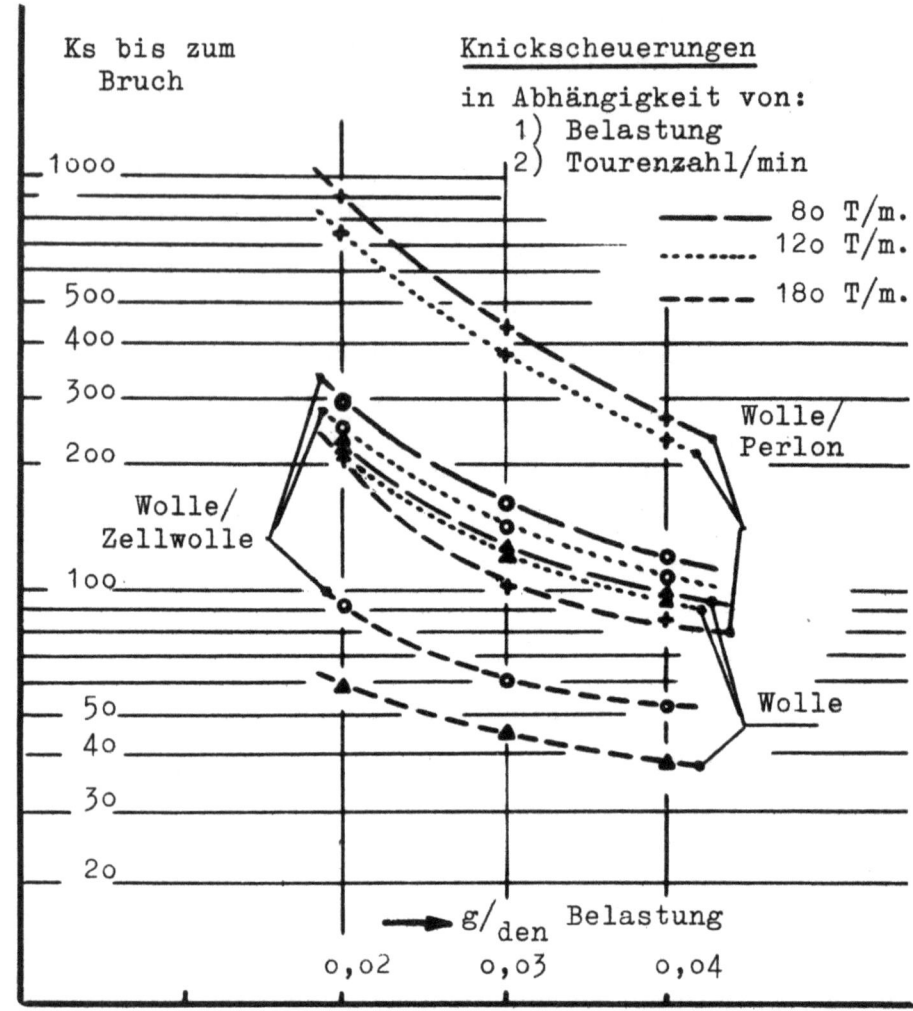

Abbildung 5
Knickscheuerzahlen im Schuß in Abhängigkeit
von Belastung und Tourenzahl
Scheueramplitude 25° (vgl. Tabelle 1)

Ähnliche Wirkungen sieht man auch in Tabelle 2 für Viskosereyon und Acetat. Nur sind hier die Scheuerzahlen allgemein so viel niedriger, daß die großen Differenzen, wie sie bei dem Wollgabardine gefunden wurden, hier nicht zu realisieren sind. Hier treten besonders die Einflüsse der Spannungsdifferenzen hervor und zeigen, wie wichtig es ist, solche leichten Waren nicht unter Spannung mechanisch zu beanspruchen.

Tabelle 1

Knickscheuerprüfungen an Wolle und Wollmischungen

(Scheuerungen bis zum Bruch)

Einfluß verschiedener Belastungen, Tourenzahlen und Amplituden auf den Scheuerwert

Gewebe	Belastung in g/den.		80 Touren /min.		120 Touren /min.		180 Touren /min.	
		Amplitude:	25°	35°	25°	35°	25°	35°
Gabardine Wolle/ Perlon 75/25	Kette:	0,02	403	216	378	151	226	67
		0,03	297	170	276	116	157	40
	Schuß:	0,02	899	338	761	201	219	103
		0,03	425	176	376	102	100	46
		0,04	260	101	245	91	88	26
Gabardine Wolle 100 %	Kette:	0,02	131	71	172	58	145	54
		0,026	115	67	118	37	125	39
	Schuß:	0,02	211	111	217	69	91	30
		0,03	134	64	128	44	63	18
		0,04	99	38	100	33	52	12
Gabardine Wolle/ Zellwolle 70/30	Kette:	0,02	358	178	392	138	329	122
		0,025	268	134	315	90	334	85
	Schuß:	0,02	298	131	222	78	58	38
		0,03	172	73	165	50	52	18
		0,04	122	50	108	42	37	13

Tabelle 2

Knickscheuerprüfungen an Reyongeweben

(Scheuerungen bis zum Bruch)

Einfluß verschiedener Belastungen und Tourenzahlen auf den Scheuerwert

Gewebe		Belastung in g/den.	80 Touren /min.	120 Touren /min.	180 Touren /min.
Wäschestoff Viskose	Kette:	0,03	238	116	48
		0,045	84	56	41
		0,07	60	44	27
		0,09	39	26	18
	Schuß:	0,03		85	
		0,045	58	43	14
		0,07	41	29	11
		0,09	27	25	10
Hemdenstoff Viskose	Kette:	0,03	82	70	62
		0,045	39	36	37
		0,075	21	24	19
		0,10	15	16	13
	Schuß:	0,03		65	
		0,05	37	32	15
		0,075	24	22	14
		0,10	16	17	13
Schirmstoff Acetat	Kette:	0,03	133	73	58
		0,045	47	41	29
		0,07	26	22	18
		0,09	18	16	13
	Schuß:	0,03		70	
		0,045	52	45	18
		0,07	41	26	10
		0,09	34	23	8

Forschungsberichte des Wirtschafts- und Verkehrsministeriums Nordrhein Westfalen

In Tabelle 3 macht man für Zellwollgewebe Beobachtungen, die naturgemäß den Werten der Tabelle 1 analog verlaufen.

Tabelle 3

Knickscheuerprüfungen an Zellwollgeweben

(Scheuerungen in Schußrichtung bis zum Bruch)

Einfluß verschiedener Belastungen und Tourenzahlen

auf den Scheuerwert

Gewebe	Belastung in g	80 Touren /min.	120 Touren /min.	180 Touren /min.
Zellwollgewebe unausgerüstet	500	655	525	290
	750	467	370	205
	1000	234	250	160
Zellwollgewebe ausgerüstet	500	300	285	190
	750	199	175	130
	1000	149	137	94

Einige Untersuchungsreihen ließen vermuten, daß Ausrüstungen die Scheuerwerte erheblich beeinflussen. Insbesondere stand zur Diskussion, ob durch einen nachträglichen Ölzusatz die Scheuerwerte, die durch eine andere Ausrüstung, z.B. durch Knitterfreibehandlung, stark heruntergesetzt worden sind, wieder verbessert werden konnten.

Es stand weiter in Frage, ob bei derartigen Behandlungen und Ausrüstungen die Knickscheuerprüfungen noch reproduzierbare Ergebnisse lieferten.

Um die Fragestellung möglichst umfassend bearbeiten zu können, wurden die Scheuerprüfungen unter möglichst vielfältigen Bedingungen vorgenommen. Es handelte sich hier um Fragen aus den heute sehr aktuellen Problemen der sog.

Hochveredlung (Knitterechtausrüstung).

Dabei wurden folgende Proben untersucht:

Probe 1: mit einem Harnstoff-Formaldehydharz übermässig stark imprägniert ohne irgendwelche Zusätze anderer Chemikalien.

Probe 2: mit gleichem Zusatz, jedoch imprägniert mit 60 g Imprägnol CS und 10 g Primenit VS.

Probe 3: wie 1), jedoch nach dem Trocknen und Kondensieren in einem Bad mit 30 g/1 Appreturöl behandelt.

Probe 4: wie 1), jedoch bei der Knitterfreimaße 30 g/1 Öl direkt beigesetzt.

Die Ergebnisse zeigen die Tabellen 4 bis 6. Tabelle 6 enthält dabei die Parallelmessungen, die mit dem Frank-Hauser-Prüfgerät[8] dergestalt vorgenommen worden sind, daß der Gewichtsverlust beim Scheuern in Abhängigkeit von der Scheuerzahl festgestellt und daß dann die Anzahl der Scheuerungen bis zum Loch gemessen wurden.

Die Abbildungen 6 - 8 zeigen die in den Tabellen aufgetragenen Werte.

Die Versuche zeigen wieder die definierte Abhängigkeit der Ergebnisse von der Gewebespannung, der Scheuergeschwindigkeit und der Amplitude. Es zeigt sich, daß man feinere Unterschiede am besten erkennen kann, wenn man bei einer niederen Spannung (400 g), einer geringeren Scheuergeschwindigkeit (80 Touren) und einer hohen Amplitude (35°) arbeitet. Diese Daten sollen für die nachfolgende Diskussion vornehmlich verwendet werden.

Die Ergebnisse zeigen, daß gegenüber der nur mit Kunstharz ausgerüsteten Probe 1 die Probe 2 (Knitterechtausrüstung mit Imprägnol CS und Primenit VS) sowohl in Kette als auch im Schuß jeweils die besten Scheuerwerte gibt, während Probe 3, die einen Zusatz von Appreturöl enthält, einen merklichen Abfall erkennen läßt. Bei Probe 4, wo das Öl der Vorkondensat-Lösung vor der Ausrüstung zugegeben wurde, liegt der Scheuerwert etwa in der Größenordnung des Ausgangsmaterials.

In Kette und Schuß sind naturgemäß bei diesen Versuchen quantitative Unterschiede festzustellen. Die Ergebnisse liegen aber im Schuß in derselben Reihenfolge, wie sie in der Kette gefunden worden sind.

---

8. Das Frank-Hauser-Prüfgerät ist ein Flächenscheuergerät, das von der Firma Frank in Weinheim-Birkenau gebaut wird.

Tabelle 4
Knickscheuerwerte der vergleichenden Untersuchungen
verschieden ausgerüsteter Proben
Scheueramplitude ± 25°

Touren/Min.:		80		120		180	
Belastung:		400 g	800 g	400 g	800 g	400 g	800 g
Probe 1	Kette	322	62	371	77	172	53
	Schuß	197	65	162	60	33	39
Probe 2	Kette	454	113	435	106	314	104
	Schuß	239	85	209	76	115	42
Probe 3	Kette	229	52	326	52	178	42
	Schuß	171	57	143	50	34	52
Probe 4	Kette	364	84	365	66	189	53
	Schuß	184	64	157	56	37	30

Tabelle 5
Knickscheuerwerte der vergleichenden Untersuchungen
verschieden ausgerüsteter Proben
Scheueramplitude ± 35°

Touren/Min.:		80		120		180	
Belastung:		400 g	800 g	400 g	800 g	400 g	800 g
Probe 1	Kette	178	47	139	51	96	32
	Schuß	102	41	74	36	27	14
Probe 2	Kette	324	86	202	55	164	57
	Schuß	158	53	108	45	57	16
Probe 3	Kette	142	36	120	39	68	19
	Schuß	121	41	63	35	37	15
Probe 4	Kette	203	47	240	50	106	35
	Schuß	95	49	96	35	31	14

Tabelle 6

Vergleichende Flachscheuerungen von verschieden ausgerüsteten Gewebeproben bis zum Loch am Frank-Hauser-Scheuerprüfgerät

Probe 1	510
Probe 2	645
Probe 3	345
Probe 4	470

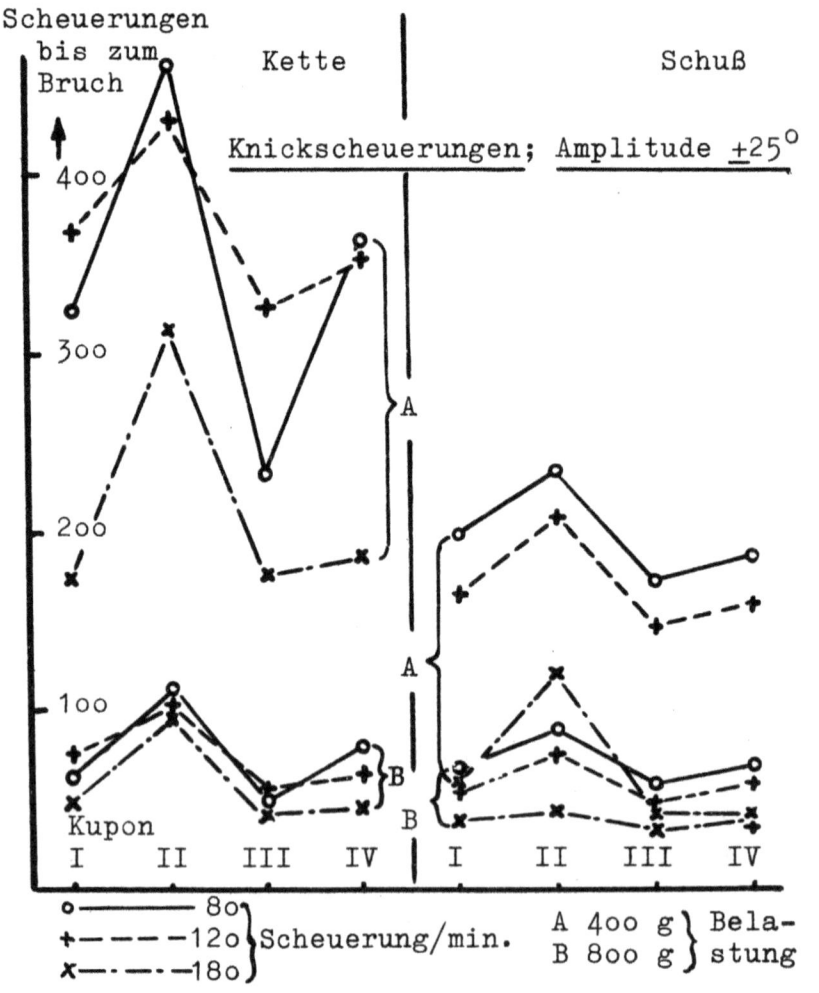

Abbildung 6

Knickscheuerzahlen (Proben 1 - 4) in Abhängigkeit von Tourenzahl/Min. und Belastung. Scheueramplitude 25°

Forschungsberichte des Wirtschafts- und Verkehrsministeriums Nordrhein Westfalen

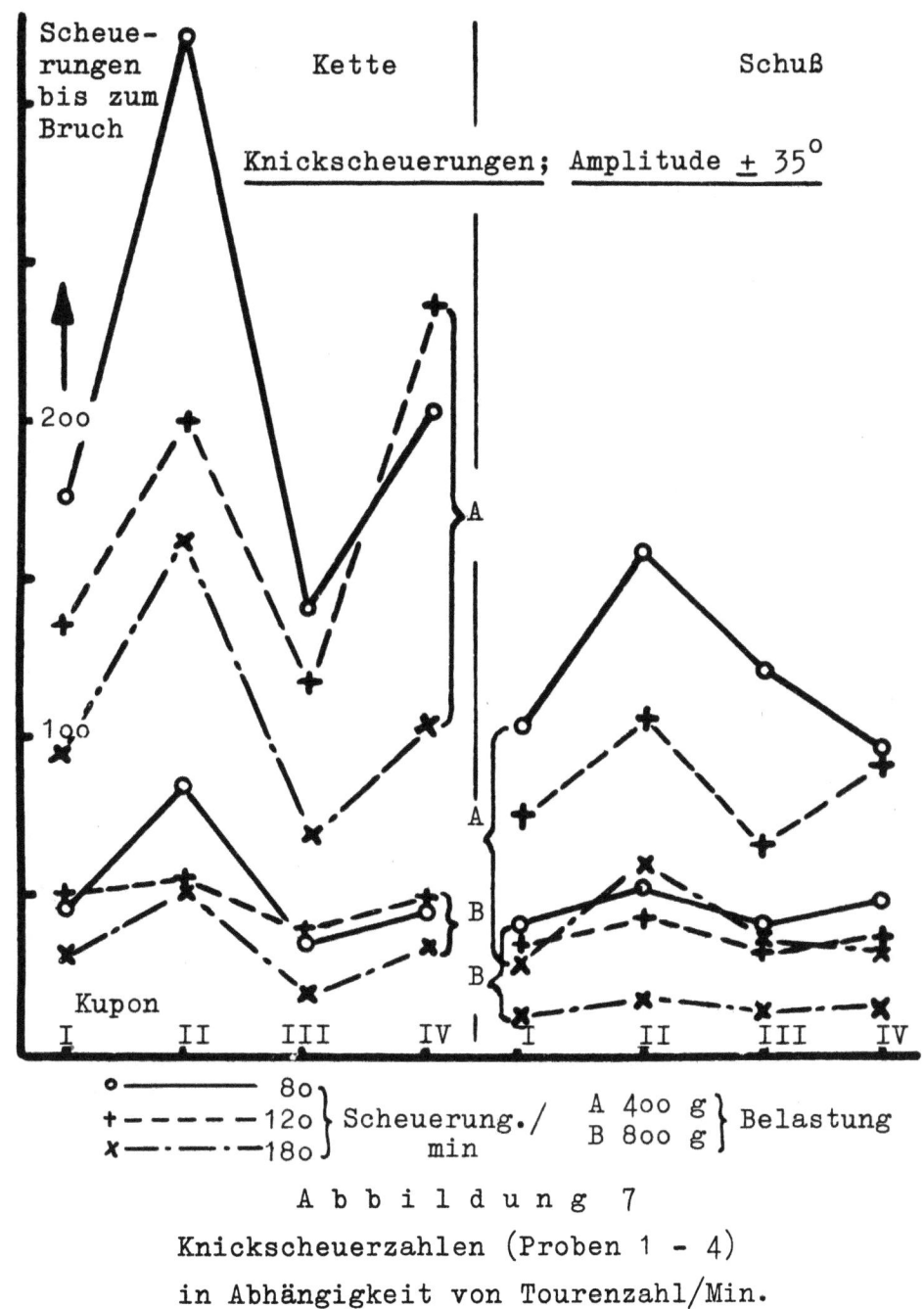

Abbildung 7

Knickscheuerzahlen (Proben 1 - 4)
in Abhängigkeit von Tourenzahl/Min.
und Belastung. Scheueramplitude 35°

Aus den Versuchen kann man die Schlußfolgerung ziehen, daß der nachträgliche Auftrag von Öl bei der Knitterechtausrüstung einen durchaus negativen Effekt zeitigt und daß daher keine Gefahr besteht, daß dem Abnehmer gegenüber eine an sich schlecht ausgerüstete Ware durch einen nachträglichen Ölauftrag scheinbar verbessert werden könnte. Diese Tatsache zeigt, wie definiert die mit dem Knickscheuerprüfgerät erhaltenen Daten sind.

Das Ergebnis der Flachscheuerung am Frank-Hauser-Gerät liegt, wenn auch

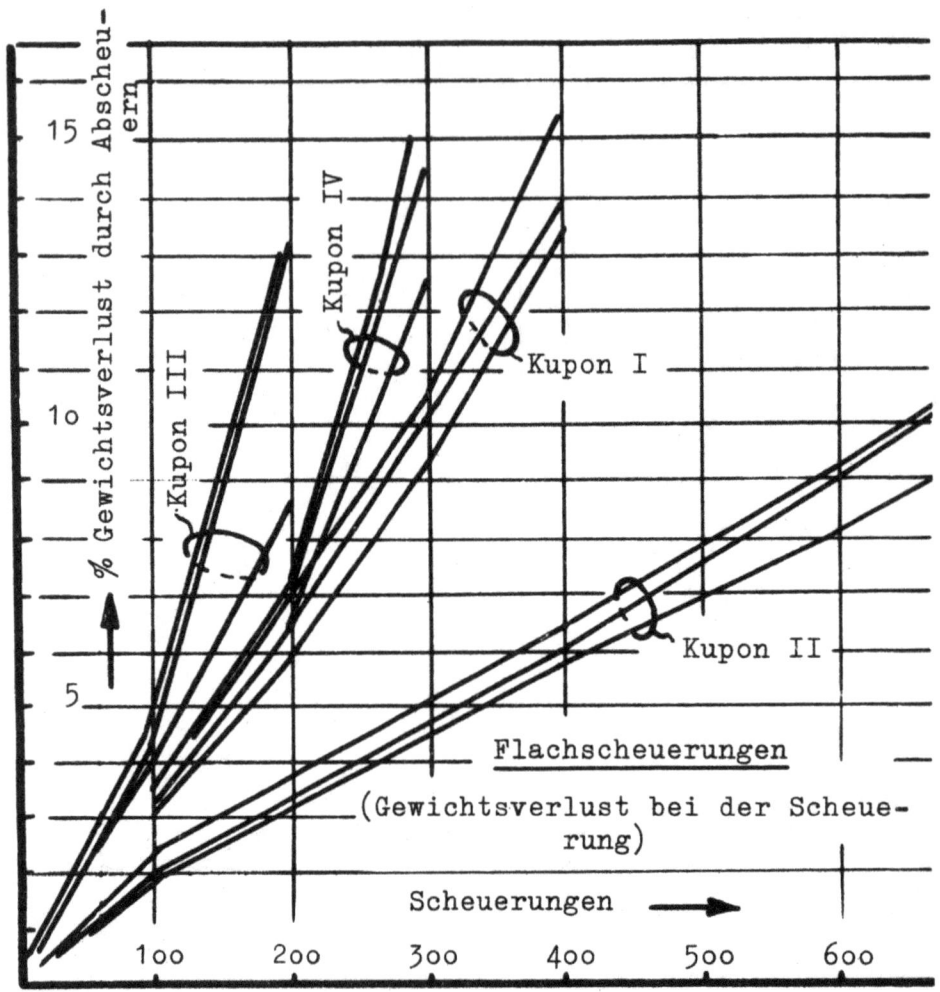

Abbildung 8
Flachscheuerzahlen (Gewichtsverlust)
der Proben 1 - 4
Flachscheuergerät Frank-Hauser

naturgemäß weniger deutlich, ziemlich in derselben Richtung. Es ist also festzustellen, daß die Messung nach der Flachscheuermethode für verschiedene Ausrüstungen wesentlich umständlicher als diejenige mit dem Knickscheuerprüfer und trotzdem für diese Effekte nicht empfindlich genug ist.

Bei einfachen Vergleichen, z.B. an verschiedenen Fabrikationsstadien ein und derselben Ware genügt es meistens, die Knickscheuerzahlen für eine bestimmte, in Gramm angegebene Belastung zu vermerken (vgl. Tabelle 3 bis 5).

Weitergehende Vergleiche lassen sich aber nur durchführen, wenn Konstanz der Spannung vorhanden ist, also die Belastung in g/den. für den 3 cm breiten Versuchsstreifen angegeben wird (vgl. Tabelle 1 und 2). In diesem Fall muß zunächst der Gesamttiter des Probestreifens (Titer des einzelnen Garnfadens mal Fadenzahl des Probestreifens) festgestellt werden. Es können dann die Knickscheuerwerte bei verschiedenen "spezifischen Belastungen" (ausgedrückt in g/den.) angegeben werden.

Um einmal festzustellen, inwieweit eine Beziehung zwischen Titer und Scheuerzahl gegeben ist und um gleichzeitig von den absoluten, in g angegebenen Scheuerzahlen zu abstrahieren, haben wir die Ergebnisse einer Untersuchungsreihe an einem Berufsköper, der nach 4 verschiedenen Methoden ausgerüstet und danach einmal und fünfmal gewaschen worden war, auf eine neue Art ausgewertet.

Es wurden - für jede Ausrüstung getrennt - die Mittelwerte sämtlicher Knickscheuerzahlen bestimmt und danach die einzelnen Scheuerzahlen in Prozenten der Abweichung von diesem Mittelwert ausgedrückt. Diese prozentualen Abweichungen vom mittleren Knickscheuerwert sind in Abbildung 9 aufgetragen und durch gestrichelte Linien verbunden.

Es sind jeweils auf der Abszisse die verschiedenen Behandlungen (0, 1 und 5 Wäschen in getrennten Werten für Kette (K) und Schuß (S) aufgetragen. Nebeneinander findet man die Zickzacklinien für die Ausrüstungen 1 und 2, dahinter die einfachen Linien für die nicht gewaschenen Ausrüstungen 3 und 4 .

Ausserdem sind über derselben Abszisse die Gesamttiter der Prüfstreifen aus Kette (K) und Schuß (S) aufgetragen und durch ausgezogene Linien verbunden.

Bis auf einen Wert der Ausrüstung 1 ergibt sich ein ausgesprochener Gleichlauf zwischen der Abweichung vom mittleren Knickscheuerwert und dem Gesamttiter des Prüfstreifens. Das ist deshalb bemerkenswert, weil es zeigt daß unabhängig von der absoluten Höhe der Knickscheuerwerte, die bei den einzelnen Ausrüstungen sich durchaus unterscheiden können, die relativen Schwankungen innerhalb einer Untersuchungsreihe so gut wie ausschließlich durch die Gesamttiterunterschiede der verschiedenen Prüfstreifen aus den einzelnen Behandlungsstadien bestimmt sind.

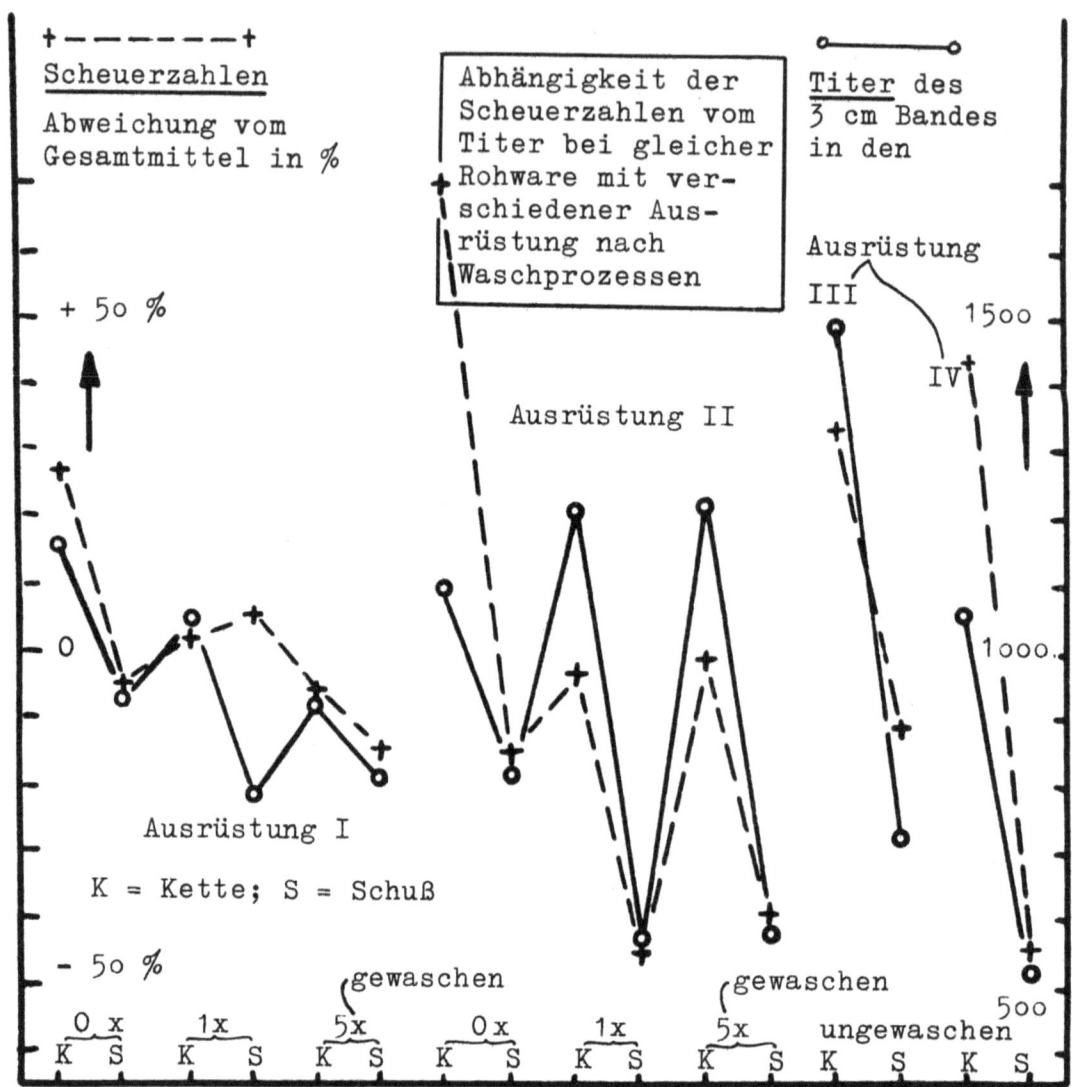

Abbildung 9

Prozentuale Abweichungen vom mittleren Knickscheuerwert und Gesamttiter des Probestreifens bei verschiedenen ausgerüsteten und gewaschenen Berufsköpern

Natürlich darf man sich hierunter keine Titerveränderungen der einzelnen Garnfäden vorstellen, sehr wohl aber eine Veränderung der Fadenzahl pro cm im 3 cm-Prüfstreifen nach den verschiedenen Waschprozessen.

Wir führen dieses Auswertungsbeispiel nur aus dem Grunde hier an, um zu zeigen, wie man bei Eliminierung der absoluten Meßzahlen die relativen Beziehungen einzelner Kennzahlen deutlich erkennen und zum Ausdruck bringen kann. Es wird dadurch belegt, wie gut die Messung der Knickscheuerzahlen zufolge der genau definierten Versuchsbedingungen einer mathematischen Auswertung nach bestimmten Gesichtspunkten zugänglich ist.

Forschungsberichte des Wirtschafts- und Verkehrsministeriums Nordrhein Westfalen

4. Beobachtungen über den Scheuervorgang

Aus den im Vorstehenden wiedergegebenen Resultaten, die die Abhängigkeit der Scheuerzahl von den verschiedensten Faktoren zeigen, wird der komplexe Charakter der Scheuervorgänge sehr deutlich. Es sollen daher noch einige Beobachtungen erwähnt werden, die als Belege für diese Behauptung dienen können.

1. Die Scheuerfläche wird auf der ganzen Länge nicht völlig gleichmäßig beansprucht, so daß bei der Betrachtung der Proben noch weitere Feinheiten festgestellt werden können. Es wird nämlich infolge der unterschiedlichen Winkeleinstellung des Scheuerkeils zur Gewebebahn während der Schwenkung des Scheuerkopfes an den Stellen des größten Winkelausschlages der Andruck des Gewebes an den Scheuerkeil größer sein als in der Mittelbahn. Die gescheuerten Gewebeproben zeigen daher an den Rändern der Scheuerfläche eine stärkere Beanspruchung als in der Mitte. Der Effekt wird noch verstärkt durch die geringere Geschwindigkeit des Keiles über diesen Stellen, wodurch ein schärferes Anfassen durch die Carborundumkristalle bewirkt wird. Schließlich wird an der Seite der festen Klemme die angreifende Wirkung des Keiles stärker als auf der anderen Seite sein, da beim Eingreifen des Keiles in das Gewebegefüge die feste Klemme nicht nachgibt, während auf der anderen Seite zumindest der erste Andruck durch den leicht laufenden Wagen aufgefangen werden kann. - Der Bruch wird daher meist an dem Rande der Scheuerfläche auftreten, der an der Seite der festen Klemme liegt.

2. Einen besonderen Hinweis auf die komplexe Natur der Scheuervorgänge bietet ein Versuch, bei dem aus einem Gewebestreifen die Schußfäden über die Scheuerfläche entfernt wurden und der Scheuerkeil lediglich auf der gespannten Kette scheuerte. Die Scheuerzahl bis zum Bruch war hier fast dreimal so groß wie die Scheuerzahl für das Gewebe in der gleichen Richtung.

Es ergibt sich also die höchst überraschende Feststellung, daß der rauhe und scharfe Karborundumkeil die offen und ungeschützt liegenden Kettfäden (nach Entfernung der Schußfäden) unter sonst gleichen Bedingungen weniger schädigt, als dies der Fall ist, wenn sich die Schußfäden noch zwischen den Kettfäden befinden.

Hier spielt also offenbar die zusätzliche Reibung der Schußfäden auf den

Kettfäden, das sog. Schieben, die wesentliche Rolle, die ihr bei den Überlegungen zur Konstruktion des Knickscheuerprüfers (siehe S. 10) zugesprochen wurde.

Diese Beobachtung wird durch Versuche bestätigt, die vor langen Jahren an der Textilforschungsanstalt Krefeld durchgeführt worden sind und die sich mit der Beschädigung von Fäden beim Webprozeß im Webstuhl befaßten. Auch hier wurde festgestellt, daß die ersten Schädigungen nicht durch die Reibung an Metallteilen, sondern ausschließlich durch die gegenseitige Reibung eines Fadens an einem anderen hervorgerufen wurden.

Beim Scheuervorgang an Geweben ist dies noch verständlicher, weil man im allgemeinen bei der Veredlung von Geweben nicht die Absicht verfolgt, die Fäden besonders glatt zu machen, sondern im Gegenteil darauf achtet, daß Kette und Schuß etwas aneinander haften, um die beim täglichen Gebrauch sehr gefürchtete Neigung zum gegenseitigen Verschieben von Kett-und Schußfäden herabzusetzen.

Dadurch wird aber naturgemäß die Reibung der Kett-und Schußfäden aneinander vergrößert und die gegenseitige Beschädigung beim Scheuerversuch wird erhöht.

3. Die Scheuerzahlen bis zum Bruch sind ausserdem von der Feine des Carborundumkeiles abhängig. Im allgemeinen werden feinere Steine den gröberen vorzuziehen sein insofern, als bei gröberem Scheuermaterial durch Bildung von schützenden Flusenrollen zwischen Stein und Gewebe eine höhere Tourenzahl gefunden wird, als der eigentlichen Scheuerbeständigkeit des Gewebes entspricht. Es ist jedoch anzunehmen, daß die Scheuerzahlen für jede Steinfeine durchaus reproduzierbar sind; nur weisen die Scheuerzahlen, die mit gröberen Steinen erhalten sind, im allgemeinen eine höhere Streuung auf.

Der Scheuervorgang bei der Knickscheuerprüfung ist im Prinzip für alle Reibkörper gleich. Es unterscheidet sich die Scheuerzahlen bis zum Bruch bzw. die einzelnen Scheuerstadien nur in der Geschwindigkeit, in der diese erreicht werden. Je nach Carborundumfeine wird ein mehr oder weniger schneller Scheuerprozeß durchgeführt. Der mit Baumwollnessel überzogene Kunststoffkeil bewirkt nach einer angemessenen Tourenzahl zunächst fast ausschließlich die Gewebeverschiebung, während ein Durchscheuern erst nach einer größeren Tourenzahl erreicht wird. - Die Scheuerungen in einer Flüssigkeit gehen etwa nach dem gleichen Schema vor sich.

Forschungsberichte des Wirtschafts- und Verkehrsministeriums Nordrhein Westfalen

5. Die Knickfaltung

Es ist bekannt, daß Scheuerversuche allein noch kein vollständiges Bild über das Verhalten von textilen Gebilden geben. Ist, wie bereits im Anfang (S. 7) erwähnt wurde, die reine Beanspruchung in Richtung der Faserachse, wie sie bei der Festigkeitsmessung überwiegend geprüft wird, in bezug auf die Gebrauchstüchtigkeit in sehr vielen Fällen falsch, so reicht manchmal auch die Scheuerprüfung allein nicht aus, um die Eigenschaften quer zur Faserachse, also z.B. die Sprödigkeit, mit ausreichender Sicherheit zu bestimmen.

Einer solchen Prüfung in Richtung quer zur Faserachse dienen Dauerbiegeprüfer in verschiedenen Ausführungsformen. Sie haben aber den Nachteil, daß die Durchführung solcher Versuche mit vielen tausend Biegungsbeanspruchungen äußerst zeitraubend ist.

Es lag deshalb nahe zu versuchen, ob nicht eine besondere Art von ständig wiederkehrender Faltenbildung an derselben Stelle eines Probestreifens einen ähnlichen Effekt erzielen könnte, wobei der ganze Prozeß aber wesentlich rascher als bei der Dauerbiegeprüfung verlaufen würde.

Deshalb wurde die sog. Knickfaltprüfung entwickelt.

Die Beanspruchungen von Gewebeproben allein auf Knickung lassen sich mit einem besonderen Aufsatz untersuchen. Der sogenannte Knickfaltkopf, der statt des Knickscheuerkopfes auf den Schwenkstutzen des Gerätes aufgesetzt wird, enthält zwei Klemmbacken, zwischen welche über eine Lehre eine 3 cm breite Streifenprobe des zu untersuchenden Materials derart geführt wird, daß nach Entfernen der Lehre eine Schlaufe von einigen cm Länge entsteht. Diese Schlaufe wird durch Schmirgelleinen, welches in die beiden Klemmen des Knickscheuergerätes mit wählbarer Belastung eingespannt wird, an die Grundfläche des Knickfaltkopfes gedrückt. Beim Hin und Herbewegen des Knickfaltkopfes wird dann die Schlaufe abwechselnd nach der einen und der anderen Seite gelegt, wodurch zwei ausgesprochene Knickfalten abwechselnd gelegt werden. Je nach dem Druck des Schmirgelleinens gegen die Grundfläche des Knickfaltkopfes wird die Falte mehr oder weniger scharf gebildet (Abb. 1o).

Der Knickfaltvorgang kann für alle Proben etwa so beschrieben werden, daß nach einigen Knickfaltung an den Falten eine leichte Aufrauhung zu bemerken

Forschungsberichte des Wirtschafts- und Verkehrsministeriums Nordrhein Westfalen

Abbildung 10
Knickfaltprüfung

ist. Diese erste Aufrauhung dürfte auf ein Absplittern bzw. Aufbrechen von Fasern zurückzuführen sein, welches durch den starken Umwälzvorgang während der Bewegung des Knickfaltkopfes zu dem Bild des Aufrauhens führt. Schließlich werden die Querfäden bei Geweben herausgelöst oder sogar zerstört; dadurch werden die Längsfäden freigelegt und erfahren ihrerseits wieder eine stärkere Knickung. Zum Schluß des Knickfaltprozesses tritt ein sehr starker Bruch, jedoch kein Durchscheueren bei allen Fäden des Gewebes auf. - Bei Kunstleder und Folien, für welche Materialien das Gerät ebenfalls sehr gut brauchbar ist, ist ein langsames Aufbrechen längs der Falte zu beobachten.

Als vergleichbare Meßwerte dienen bei der Knickfaltprüfung die Zahlen der Hin-und Hergänge des Knickfaltkopfes bis zum halben Aufbruch des Probestrei-

Forschungsberichte des Wirtschafts- und Verkehrsministeriums Nordrhein Westfalen

fens, also bis zum Einriß über die halbe Breite, die sehr scharf definiert ist. Die gute Reproduzierbarkeit dieser Werte ist durch zahlreiche Untersuchungen gesichert. Es sei daran erinnert, daß bei der Knickfaltung ohne jede Spannung gearbeitet wird. Maßgebend ist hier lediglich der Druck, dem die Falte ausgesetzt wird.

Tabelle 7

Knickfaltungen

Schmirgelleinen T 24; 65 Touren/Min.; 20° Amplitude; bis zum halben Riß
(sämtliche Proben in Schußrichtung)

	300 g	500 g	1000 g Belastung
Wäschestoff (Viskose)	140	110	60
Hemdenstoff (Viskose)	165	75	50
Schirmstoff (Acetat)	45	35	15
Gabardine (Wolle/Perlon 75/25)	1150	800	300
Gabardine (Wolle 100%)	550	250	145
Gabardine (Wolle/Zellwolle 70/30)	700	400	215
Serge (leicht, Viskose)	100	55	20
Serge (schwer, Viskose)	160	80	50
Maroc (Viskosekrepp)	230	60	25

Dementsprechend zeigen Knickfaltprüfungen an verschiedenen Gabardinegeweben als Beispiel eine überraschende Parallelität der Prüfwerte in Abhängigkeit von der Belastung des Schmirgelleinens. Die Knickfaltzahlen liegen für Wolle-Perlon-Mischgewebe höher als für Wolle-Zellwolle-Mischgewebe und diese Zahlen liegen wieder höher als diejenigen für reine Wolle.- Eine ähnliche Abhängigkeit findet man für Wäschestoff, Hemdenstoff und Futterstoffe aus Viskose-Reyon sowie für Schirmstoff aus Acetat. Die gefundene Abhängigkeit ist dergestalt, daß mit höherer Belastung des Schmirgelleinens die Knickfaltzahlen erheblich abnehmen. Das ist ohne weiteres verständlich, da bei höherer Belastung des Schmirgelleinens der Andruck des Leinens härter und dadurch die Falte im Probestreifen schärfer geknickt wird, so daß also die Beanspruchung höher ist. Die sehr scharfe Abhängigkeit, die in Abbildung 11 (siehe dazu auch Tabelle 7) nur aus Einzelmessungen (nicht einmal Mittelwerte !) gezeichnet ist, zeigt die außerordentlich gute Reproduzierbarkeit aller Daten.

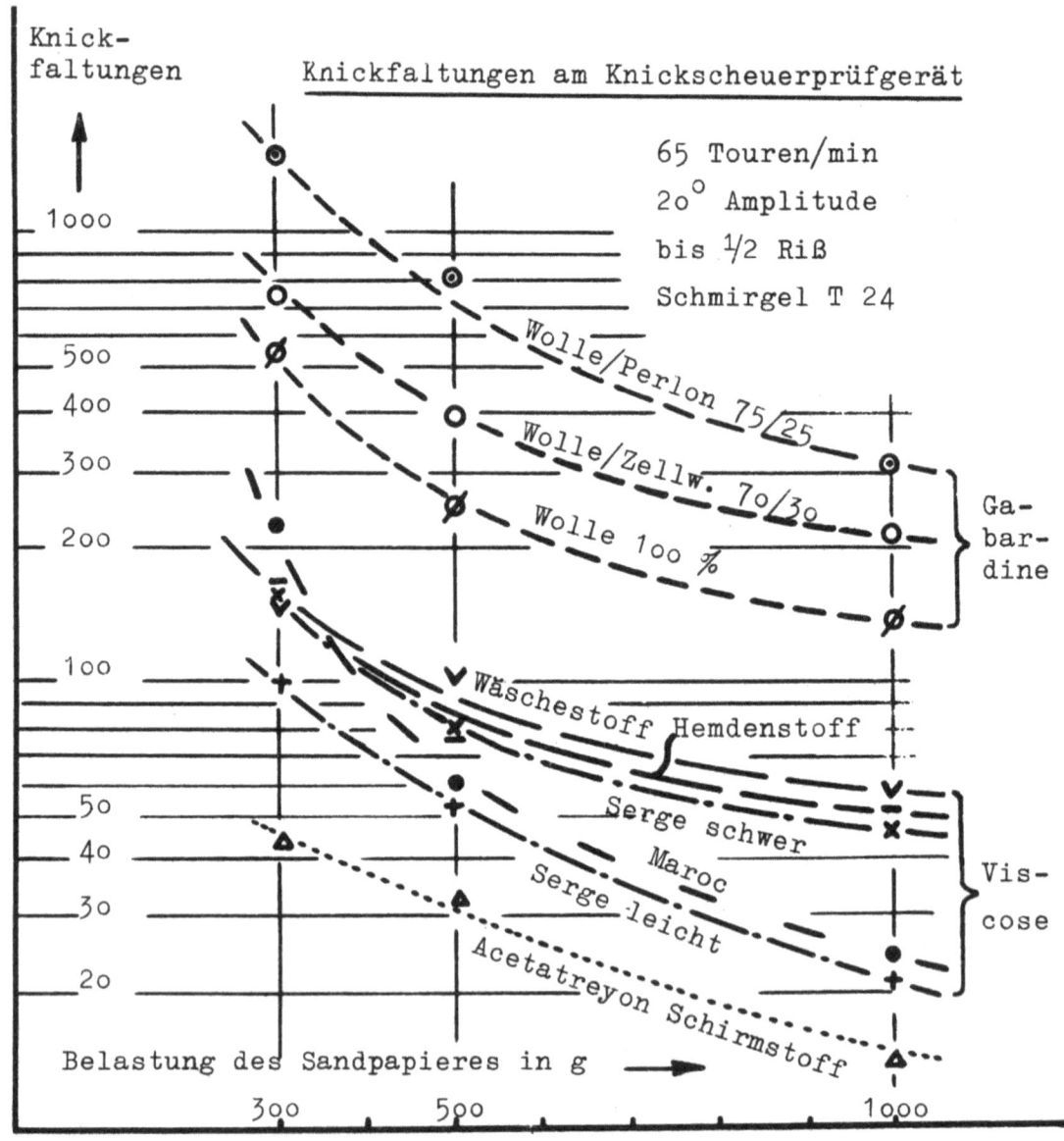

Abbildung 11

Knickfaltung an Geweben aus verschiedenen Faserarten in Abhängigkeit vom angewandten Druck

Die Untersuchungen haben ergeben, daß Resultate mit geringster Streuung dann erhalten werden, wenn sehr feinkörniges Schmirgelleinen verwendet wird. Je gröberes Schmirgelleinen auf die Probe einwirken kann, um so stärker kommt ein Scheuereffekt hinzu, der insbesondere in der Nähe der Knickfaltungen wirksam wird.

Sowohl bei der Knickscheuerung als auch bei den Knickfaltungen zeigen die Messungen eine mittlere Streuung von $\pm$ 2 % bis höchstens $\pm$ 4 %, sofern nicht gerade wesentliche Ungleichmäßigkeiten des Prüfmaterials vorliegen, die dann aber eben aus der grösseren Streuung klar ersichtlich werden.

6. Die Auswertung

Wie bei jeder Merkmalbestimmung von textilen Fasern, Geweben oder dergl. kann auch die Maßzahl der Scheuerungen bis zum Bruch oder der Knickfaltungen bis zum halben Bruch als Charakteristikum für die untersuchte spezielle Eigenschaft gewertet werden. Insbesondere wird bei Vergleichsuntersuchungen die Gegenüberstellung der reinen Scheuerzahlen mit anderen Merkmalen schon gute Hinweise zur Beurteilung des untersuchten Gutes geben. So hat z.B. VIERTEL[8] für die verschiedensten Waschproben die Knickscheuerergebnisse mit den entsprechenden Reißfestigkeiten, Durchschnittspolymerisationsgraden usw. verglichen und ist zu dem Ergebnis gekommen, daß in verhältnismäßig kurzer Prüfzeit eine gute Beurteilung des Gebrauchswertes durch die Knickscheuerungen ermöglicht wird.

Bei dem komplexen Vorgang einer Scheuerung kann es aber durchaus möglich sein, daß der Knickscheuervorgang für spezielle Zwecke nicht völlig dem Gebrauchsversuch entspricht. Hier kommt es darauf an, den Scheuervorgang dem Verwendungsbereich bzw. dem Untersuchungsziel anzupassen. So wurde z.B. für Scheuerungen von sehr festem Gewebe, das stets auf einer Unterlage gehalten auf Scheuerung beansprucht wird, ein in die Schwalbenschwanzführung der Grundplatte des Gewebes einzuführender Scheuertisch entwickelt, der mit bestimmt wählbarem Andruck während der Scheuerung von unten gegen den Prüfling mit einem bespannten Rundprofil gehalten wird. Die Versuche in dieser Richtung sind noch im Gange.

---

8. O. VIERTEL, Wäschereitech. u. -chem. 1952, S. 516 ff

Wertvolle Hinweise bieten für viele Zwecke auch die Untersuchungen, bei denen mit einer festen Scheuerzahl die Proben angescheuert und anschließend auf Festigkeit, Dehnung, Oberflächenbeschaffenheit usw. geprüft werden.

Ein besonders Anwendungsgebiet des Knickscheuerprüfgerätes ist die Untersuchung der Veränderung der Scheuerfestigkeit einer Ware nach verschiedenen Ausrüstungen. Hier zeigt sich bei einem direkten Vergleich der Maßzahlen, daß diese nach Ausrüstung eines Gewebes stärker abzunehmen scheinen, als der Tragfähigkeit des untersuchten Gewebes entsprechen,würde. Dazu muß nun bemerkt werden, daß der Scheuervorgang wie jeder andere Schädigungsvorgang kein Vorgang ist, bei welchem die Haltbarkeit etwa linear mit der Scheuerzahl absinkt. Vielmehr muß beachtet werden, daß - abgesehen von den ersten wenigen Anscheuerungen- jede Scheuerung den Gebrauchswert immer um einen bestimmten Prozentsatz des jeweils noch vorhandenen Gebrauchswertes herabsetzt. Mathematisch drückt sich das aber dadurch aus, daß als Vergleichswerte nicht die Maßzahlen selbst, sondern die Logarithmen dieser Maßzahlen in Beziehung zueinander zu setzen sind. Nimmt man, wie die Praxis der Untersuchungen mit dem Knickscheuerprüfgerät als richtig erweist, an, daß die ersten 10 Scheuerungen als Einarbeitevorgang anzusehen sind und der eigentlich logarithmische Gang von der zehnten Scheuerung an sichergestellt ist, so würde das folgende praktische Auswerteverfahren zu gelten haben:

Von den Maßzahlen der Scheuerungen bis zum Bruch sind die dekadischen Logarithmen aus der Logarithmentafel oder mit dem Rechenschieber zu bestimmen und um die ganze Zahl 1 zu verringern. Die auf diese Weise erhaltenen neuen Kennzahlen sind die direkten Vergleichszahlen für die Gebrauchstüchtigkeit des untersuchten Gutes in bezug auf den Scheuervorgang.

Als Beispiel ergeben die Werte der Tabelle 3 die in Tabelle 8 gegebene Auswertung.

Wie man erkennt, stimmen die Abnahmen der Scheuerfestigkeit für alle Versuchsbedingungen bereits befriedigend überein, trotzdem es sich hier nur um ganz wenige Einzelmessungen handelte. Der Verlust der ausgerüsteten Ware würde also im Mittel 17,5 % betragen, ein Wert, der den praktischen Gegebenheiten im vorliegenden Falle durchaus entsprechen würde.

Forschungsberichte des Wirtschafts- und Verkehrsministeriums Nordrhein Westfalen

Tabelle 8

Auswertung der Knickscheuerprüfungen

(für die Maßzahlen der Tabelle 8)

Gewebe	Belastung in g	Touren/min. 80	120	180
Kennzahlen für:				
Zellwollgewebe für:				
unausgerüstet	500	1,816	1,720	1,463
ausgerüstet		1,477	1,455	1,279
Verlust an Scheuerfestigkeit		19 %	16 %	13 %
unausgerüstet	750	1,669	1,568	1,312
ausgerüstet		1,299	1,243	1,114
Verlust an Scheuerfestigkeit		22 %	21 %	15 %
unausgerüstet	1000	1,369	1,398	1,204
ausgerüstet		1,173	1,137	0,973
Verlust an Scheuerfestigkeit		14 %	19 %	19 %

Im Mittel beträgt der Verlust an Scheuerfestigkeit: 17,5 %.

7. Zusammenfassung

Die Ergebnisse dieser Untersuchung zeigen:

1. Mit dem Knickscheuerprüfgerät sind auf Grund der <u>weitgehenden Konstanz der Versuchsbedingungen gut reproduzierbare</u> Ergebnisse zu erhalten.

2. Die große <u>Variationsmöglichkeit der Arbeitsbedingungen</u>, insbesondere von <u>Spannung</u>, <u>Amplitude</u> und <u>Tourenzahl</u>, ermöglicht eine weitgehende Anpassung des Prüfverfahrens an die Wünsche der Praxis.

3. Der <u>starke Einfluß kleiner Spannungsänderungen</u> auf die Scheuerzahl gibt einen wichtigen Hinweis auf die Ursachen, die in der Praxis Schäden hervorrufen können.

4. Die Möglichkeit, wirkliche <u>Naß-Scheuerungen</u> durchzuführen, ist besonders wichtig.

5. Die <u>Knickfaltmethode</u> ermöglicht eine ganz neuartige Art der Beanspruchung ohne Spannung und Scheuerung, lediglich durch Druck auf die Falte.

6. Die <u>Auswertung</u> auf Grund einfacher rechnerischer Überlegungen zeigt die Möglichkeit, aus den unter verschiedenen Bedingungen gemessenen Absolutwerten zu brauchbaren <u>Vergleichszahlen</u> zu kommen.

Prof. Dr. W. WELTZIEN
Dr. habil. J. JUILFS
Textilforschungsanstalt Krefeld

FORSCHUNGSBERICHTE
DES WIRTSCHAFTS- UND VERKEHRSMINISTERIUMS
NORDRHEIN-WESTFALEN

Herausgegeben von Staatssekretär Prof. Leo Brandt

Heft 1:
Prof. Dr.-Ing. Eugen Flegler, Aachen
Untersuchungen oxydischer Ferromagnet-Werkstoffe

Heft 2:
Prof. Dr. phil. Walter Fuchs, Aachen
Untersuchungen über absatzfreie Teeröle

Heft 3:
Techn.-Wissenschaftl. Büro für die Bastfaserindustrie, Bielefeld
Untersuchungsarbeiten zur Verbesserung des Leinenwebstuhls

Heft 4:
Prof. Dr. E. A. Müller u. Dipl.-Ing. H. Spitzer, Dortmund
Untersuchungen über die Hitzebelastung in Hüttenbetrieben

Heft 5:
Dipl.-Ing. Werner Fister, Aachen
Prüfstand der Turbinenuntersuchungen

Heft 6:
Prof. Dr. phil. Walter Fuchs, Aachen
Untersuchungen über die Zusammensetzung und Verwendbarkeit von Schwelteerfraktionen

Heft 7:
Prof. Dr. phil. Walter Fuchs, Aachen
Untersuchungen über emsländisches Petrolatum

Heft 8:
Maria Elisabeth Meffert und Heinz Stratmann, Essen
Algen-Großkulturen im Sommer 1951

Heft 9:
Techn.-Wissenschaftl. Büro für die Bastfaserindustrie, Bielefeld
Untersuchungen über die zweckmäßige Wicklungsart von Leinengarnkreuzspulen unter Berücksichtigung der Anwendung hoher Geschwindigkeiten des Garnes
Vorversuche für Zetteln und Schären von Leinengarnen auf Hochleistungsmaschinen

Heft 10:
Prof. Dr. Wilhelm Vogel, Köln
„Das Streifenpaar" als neues System zur mechanischen Vergrößerung kleiner Verschiebungen und seine technischen Anwendungsmöglichkeiten

Heft 11:
Laboratorium für Werkzeugmaschinen und Betriebslehre, Technische Hochschule Aachen
1. Untersuchungen über Metallbearbeitung im Fräsvorgang mit Hartmetallwerkzeugen und negativem Spanwinkel
2. Weiterentwicklung des Schleifverfahrens für die Herstellung von Präzisionswerkstücken unter Vermeidung hoher Temperaturen
3. Untersuchung von Oberflächenveredlungsverfahren zur Steigerung der Belastbarkeit hochbeanspruchter Bauteile

Heft 12:
Elektrowärme-Institut, Langenberg (Rhld.)
Induktive Erwärmung mit Netzfrequenz

Heft 13:
Techn.-Wissenschaftl. Büro für die Bastfaserindustrie, Bielefeld
Das Naßspinnen von Bastfasergarnen mit chemischen Zusätzen zum Spinnbad

Heft 14:
Forschungsstelle für Acetylen, Dortmund
Untersuchungen über Aceton als Lösungsmittel für Acetylen

Heft 15:
Wäschereiforschung Krefeld
Trocknen von Wäschestoffen

Heft 16:
Max-Planck-Institut für Kohlenforschung, Mülheim a. d. Ruhr
Arbeiten des MPI für Kohlenforschung

Heft 17:
Ingenieurbüro Herbert Stein, M. Gladbach
Untersuchung der Verzugsvorgänge in den Streckwerken verschiedener Spinnereimaschinen. 1. Bericht: Vergleichende Prüfung mit verschiedenen Dickenmeßgeräten

Heft 18:
Wäschereiforschung Krefeld
Grundlagen zur Erfassung der chemischen Schädigung beim Waschen

Heft 19:
Techn.-Wissenschaftl. Büro für die Bastfaserindustrie, Bielefeld
Die Auswirkung des Schlichtens von Leinengarnketten auf den Verarbeitungswirkungsgrad, sowie die Festigkeits- und Dehnungsverhältnisse der Garne und Gewebe

Heft 20:
Techn.-Wissenschaftl. Büro für die Bastfaserindustrie, Bielefeld
Trocknung von Leinengarnen I
Vorgang und Einwirkung auf die Garnqualität

Heft 21:
Techn.-Wissenschaftl. Büro für die Bastfaserindustrie, Bielefeld
Trocknung von Leinengarnen II
Spulenanordnung und Luftführung beim Trocknen von Kreuzspulen

Heft 22:
Techn.-Wissenschaftl. Büro für die Bastfaserindustrie, Bielefeld
Die Reparaturanfälligkeit von Webstühlen

Heft 23:
Institut für Starkstromtechnik, Aachen
Rechnerische und experimentelle Untersuchungen zur Kenntnis der Metadyne als Umformer von konstanter Spannung auf konstanten Strom

Heft 24:
Institut für Starkstromtechnik, Aachen
Vergleich verschiedener Generator-Metadyne-Schaltungen in bezug auf statisches Verhalten

Heft 25:
Gesellschaft für Kohlentechnik mbH., Dortmund-Eving
Struktur der Steinkohlen und Steinkohlen-Kokse

Heft 26:
Techn.-Wissenschaftl. Büro für die Bastfaserindustrie, Bielefeld
Vergleichende Untersuchungen zweier neuzeitlicher Ungleichmäßigkeitsprüfer für Bänder und Garne hinsichtlich Ihrer Eignung für die Bastfaserspinnerei

Heft 27:
Prof. Dr. E. Schratz, Münster
Untersuchungen zur Rentabilität des Arzneipflanzenanbaues
Römische Kamille, Anthemis nobilis L.

Heft: 28:
Prof. Dr. E. Schratz, Münster
Calendula officinalis L.
Studien zur Ernährung, Blütenfüllung und Rentabilität der Drogengewinnung

Heft 29:
Techn.-Wissenschaftl. Büro für die Bastfaserindustrie, Bielefeld
Die Ausnützung der Leinengarne in Geweben

Heft 30:
Gesellschaft für Kohlentechnik mbH., Dortmund-Eving
Kombinierte Entaschung und Verschwelung von Steinkohle; Aufarbeitung von Steinkohlenschlämmen zu verkokbarer oder verschwelbarer Kohle

Heft 31:
Dipl.-Ing. Störmann, Essen
Messung des Leistungsbedarfs von Doppelsteg-Kettenförderern

Heft 32:
Techn.-Wissenschaftl. Büro für die Bastfaserindustrie, Bielefeld
Der Einfluß der Natriumchloridbleiche auf Qualität und Verwebbarkeit von Leinengarnen und die Eigenschaften der Leinengewebe unter besonderer Berücksichtigung des Einsatzes von Schützen- und Spulenwechselautomaten in der Leinenweberei

Heft 33:
Kohlenstoffbiologische Forschungsstation e. V.
Eine Methode zur Bestimmung von Schwefeldioxyd und Schwefelwasserstoff in Rauchgasen und in der Atmosphäre

Heft 34:
Textilforschungsanstalt Krefeld
Quellungs- und Entquellungsvorgänge bei Faserstoffen

Heft 35:
Professor Dr. Wilhelm Kast, Krefeld
Feinstrukturuntersuchungen an künstlichen Zellulosefasern verschiedener Herstellungsverfahren

Heft 36:
Forschungsinstitut der feuerfesten Industrie, Bonn
Untersuchungen über die Trocknung von Rohton. Untersuchungen über die chemische Reinigung von Silika- und Schamotte-Rohstoffen mit chlorhaltigen Gasen

Heft 37:
Forschungsinstitut der feuerfesten Industrie, Bonn
Untersuchungen über den Einfluß der Probenvorbereitung auf die Kaltdruckfestigkeit feuerfester Steine

Heft 38:
Forschungsstelle für Acetylen, Dortmund
Untersuchungen über die Trocknung von Acetylen zur Herstellung von Dissousgas

Heft 39:
Forschungsgesellschaft Blechverarbeitung e. V., Düsseldorf
Untersuchungen an prägegemusterten und vorgelochten Blechen

Heft 40:
Landesgeologe Dr.-Ing. W. Wolff, Amt für Bodenforschung, Krefeld
Untersuchungen über die Anwendbarkeit geophysikalischer Verfahren zur Untersuchung von Spateisengängen im Siegerland

Heft 41:
Techn.-Wissenschaftl. Büro für die Bastfaserindustrie, Bielefeld
Untersuchungsarbeiten zur Verbesserung des Leinenwebstuhles II

Heft 42:
Professor Dr. Burckhardt Helferich, Bonn
Untersuchungen über Wirkstoffe — Fermente — in der Kartoffel und die Möglichkeit ihrer Verwendung

Heft 43:
Forschungsgesellschaft Blechverarbeitung e. V., Düsseldorf
Forschungsergebnisse über das Beizen von Blechen

Heft 44:
Arbeitsgemeinschaft für praktische Dehnungsmessung, Düsseldorf
Eigenschaften und Anwendungen von Dehnungsmeßstreifen

Heft 45:
Losenhausenwerk Düsseldorfer Maschinenbau AG., Düsseldorf
Untersuchungen von störenden Einflüssen auf die Lastgrenzenanzeige von Dauerschwingprüfmaschinen

Heft 46:
Professor Dr. phil. W. Fuchs, Aachen
Untersuchungen über die Aufbereitung von Wasser für die Dampferzeugung in Benson-Kesseln

Heft 47:
Prof. Dr.-Ing. habil. Karl Krekeler, Aachen
Versuche über die Anwendung der induktiven Erwärmung zum Sintern von hochschmelzenden Metallen sowie zur Anlegierung und Vergütung von aufgespritzten Metallschichten mit dem Grundwerkstoff.

Heft 48:
Max-Planck-Institut für Eisenforschung, Düsseldorf
Spektrochemische Analyse der Gefügebestandteile in Stählen nach ihrer Isolierung

Heft 49:
Max-Planck-Institut für Eisenforschung, Düsseldorf
Untersuchungen über Ablauf der Desoxydation und die Bildung von Einschlüssen in Stählen

Heft 50:
Max-Planck-Institut für Eisenforschung, Düsseldorf
Flammenspektralanalytische Untersuchung der Ferritzusammensetzung in Stählen

Heft 51:
Verein zur Förderung von Forschungs- und Entwicklungsarbeiten in der Werkzeugindustrie e. V., Remscheid
Untersuchungen an Kreissägeblättern für Holz, Fehler- und Spannungsprüfverfahren

Heft 52:
Forschungsstelle für Azetylen, Dortmund
Untersuchungen über den Umsatz bei der explosiblen Zersetzung von Azetylen
    a) Zersetzung von gasförmigem Azetylen,
    b) Zersetzung von an Silikagel adsorbiertem Azetylen

Heft 53:
Professor Dr.-Ing. H. Opitz, Aachen
Reibwert- und Verschleißmessungen an Kunststoffgleitführungen für Werkzeugmaschinen

Heft 54:
Professor Dr.-Ing. habil. F. A. F. Schmidt, Aachen
Schaffung von Grundlagen für die Erhöhung der spez. Leistung und Herabsetzung des spez. Brennstoffverbrauches bei Ottomotoren mit Teilbericht über Arbeiten an einem neuen Einspritzverfahren

Heft 55:
Forschungsgesellschaft Blechverarbeitung, Düsseldorf
Chemisches Glänzen von Messing und Neusilber

Heft 56:
Forschungsgesellschaft Blechverarbeitung, Düsseldorf
Untersuchungen über einige Probleme der Behandlung von Blechoberflächen

Heft 57:
Prof. Dr.-Ing. habil. F. A. F. Schmidt, Aachen
Untersuchungen zur Erforschung des Einflusses des chemischen Aufbaues des Kraftstoffes auf sein Verhalten im Motor und in Brennkammern von Gasturbinen.

Heft 58:
Gesellschaft für Kohlentechnik m. b. H., Dortmund
Herstellung und Untersuchung von Steinkohlenschwelteer.

Heft 59:
Forschungsinstitut der Feuerfest-Industrie, Bonn
Ein Schnellanalysenverfahren zur Bestimmung von Aluminiumoxyd, Eisenoxyd und Titanoxyd in feuerfestem Material mittels organischer Farbreagenzien auf photometrischem Wege
Untersuchungen des Alkali-Gehaltes feuerfester Stoffe mit dem Flammenphotometer nach Riehm-Lange

Heft 60:
Forschungsgesellschaft Blechverarbeitung e. V., Düsseldorf
Untersuchungen über das Spritzlackieren im elektrostatischen Hochspannungsfeld

Heft 61:
Verein zur Förderung von Forschungs- und Entwicklungsarbeiten in der Werkzeugindustrie e. V., Remscheid
Schwingungs- und Arbeitsverhalten von Kreissägeblättern für Holz

Heft 62:
Professor Dr. W. Franz, Institut für theoretische Physik der Universität Münster
Berechnung des elektrischen Durchschlags durch feste und flüssige Isolatoren

Heft 63:
Textilforschungsanstalt Krefeld
Neue Methoden zur Untersuchung der Wirkungsweise von Textilhilfsmitteln
Untersuchungen über Schlichtungs- und Entschlichtungsvorgänge

Heft 64:
Textilforschungsanstalt Krefeld
Die Kettenlängenverteilung von hochpolymeren Faserstoffen
Über die fraktionierte Fällung von Polyamiden

Heft 65:
Fachverband Schneidwarenindustrie, Solingen
Untersuchungen über das elektrolytische Polieren von Tafelmesserklingen aus rostfreiem Stahl

Heft 66:
Dr.-Ing. Peter Füsgen VDI †, Düsseldorf
Untersuchungen über das Auftreten des Ratterns bei selbsthemmenden Schneckengetrieben und seine Verhütung

Heft 67:
Heinrich Wösthoff o. H. G., Apparatebau, Bochum
Entwicklung einer chemisch-physikalischen Apparatur zur Bestimmung kleinster Kohlenoxyd-Konzentrationen

Heft 68:
Kohlenstoffbiologische Forschungsstation e. V., Essen
Algengroßkulturen im Sommer 1952
II. Über die unsterile Großkultur von Scenedesmus obliquus

Heft 69:
Wäschereiforschung Krefeld
Bestimmung des Faserabbaues bei Leinen unter besonderer Berücksichtigung der Leinengarnbleiche

Heft 70:
Wäschereiforschung Krefeld
Trocknen von Wäschestoffen

Heft 71:
Prof. Dr.-Ing. K. Leist, Aachen
Kleingasturbinen, insbesondere zum Fahrzeugantrieb

Heft 72:
Prof. Dr.-Ing. K. Leist, Aachen
Beitrag zur Untersuchung von stehenden geraden Turbinengittern mit Hilfe von Druckverteilungsmessungen

Heft 73:
Prof. Dr.-Ing. K. Leist, Aachen
Spannungsoptische Untersuchungen von Turbinenschaufelfüßen

Heft 74:
Max-Planck-Institut für Eisenforschung, Düsseldorf
Versuche zur Klärung des Umwandlungsverhaltens eines sonderkarbidbildenden Chromstahls

Heft 75:
Max-Planck-Institut für Eisenforschung, Düsseldorf
Zeit-Temperatur-Umwandlungs-Schaubilder als Grundlage der Wärmebehandlung der Stähle

Heft 76:
Max-Planck-Institut für Arbeitsphysiologie, Dortmund
Arbeitstechnische und arbeitsphysiologische Rationalisierung von Mauersteinen

Heft 77:
Meteor Apparatebau Paul Schmeck G. m. b. H., Siegen
Entwicklung von Leuchtstoffröhren hoher Leistung

Heft 78:
Forschungsstelle für Acetylen, Dortmund
Über die Zustandsgleichung des gasförmigen Acetylens und das Gleichgewicht Acetylen—Aceton

Heft 79:
Techn.-Wissenschaftl. Büro für die Bastfaserindustrie, Bielefeld
Trocknung von Leinengarnen III
Spinnspulen- und Spinnkopstrocknung
Vorgang und Einwirkung auf die Garnqualität

Heft 80:
Techn.-Wissenschaftl. Büro für die Bastfaserindustrie, Bielefeld
Die Verarbeitung von Leinengarn auf Webstühlen mit und ohne Oberbau

Heft 81:
Prüf- und Forschungsinstitut für Ziegeleierzeugnisse, Essen-Kray
Die Einführung des großformatigen Einheits-Gitterziegels im Lande Nordrhein-Westfalen

Heft 82:
Vereinigte Aluminium-Werke AG., Bonn
Forschungsarbeiten auf dem Gebiet der Veredelung von Aluminium-Oberflächen

Heft 83:
Prof. Dr. S. Strugger, Münster
Über die Struktur der Proplastiden

Heft 84:
Dr. med. habil., Dr. phil. H. Baron, Düsseldorf
Über Standardisierung von Wundtextilien

Heft 85:
Textilforschungsanstalt Krefeld
Physikalische Untersuchungen an Fasern, Fäden, Garnen und Geweben:
Untersuchungen am Knickscheuergerät nach Weltzien

Heft 86:
Professor Dr.-Ing. H. Opitz, Aachen
Untersuchungen über das Fräsen von Baustahl sowie über den Einfluß des Gefüges auf die Zerspanbarkeit

Heft 87:
Gemeinschaftsausschuß Verzinken, Düsseldorf
Untersuchungen über Güte von Verzinkungen

Heft 88:
Gesellschaft für Kohlentechnik mbH., Dortmund-Eving
Oxydation von Steinkohle mit Salpetersäure

Heft 89:
Verein Deutscher Ingenieure, Gleitlagerforschung, Düsseldorf und Prof. Dr.-Ing. G. Vogelpohl, Göttingen
Versuche mit Preßstoff-Lagern für Walzwerke

Heft 90:
Forschungs-Institut der Feuerfest-Industrie, Bonn
Das Verhalten von Silikasteinen im Siemens-Martin-Ofengewölbe

Heft 91:
Forschungs-Institut der Feuerfest-Industrie, Bonn
Untersuchungen des Zusammenhangs zwischen Leistung und Kohlenverbrauch von Kammeröfen zum Brennen von feuerfesten Materialien

Heft 92:
Techn.-Wissenschaftl. Büro für die Bastfaserindustrie, Bielefeld und Laboratorium für textile Meßtechnik, M.-Gladbach
Messungen von Vorgängen am Webstuhl

Heft 93:
Prof. Dr. W. Kast, Krefeld
Spinnversuche zur Strukturerfassung künstlicher Zellulosefasern

Heft 94:
Prof. Dr. phil. habil. G. Winter, Bonn
Die Heilpflanzen des MATTHIOLUS (1611) gegen Infektionen der Harnwege und Verunreinigung der Wunden bzw. zur Förderung der Wundheilung im Lichte der Antibiotikaforschung

Heft 95:
Prof. Dr. phil. habil. G. Winter, Bonn
Untersuchungen über die flüchtigen Antibiotika aus der Kapuziner- (Tropaeolum maius) und Gartenkresse (Lepidium sativum) und ihr Verhalten im menschlichen Körper bei Aufnahme von Kapuziner- bzw. Gartenkressensalat per os

Heft 96:
Dr.-Ing. P. Koch, Dortmund
Austritt von Exoelektronen aus Metalloberflächen unter Berücksichtigung der Verwendung des Effektes für die Materialprüfung

Heft 97:
Ing. H. Stein, M.-Gladbach
Laboratorium für textile Meßtechnik
Untersuchung der Verzugsvorgänge an den Streckwerken verschiedener Spinnereimaschinen
2. Bericht: Ermittlung der Haft-Gleiteigenschaften von Faserbändern und Vorgarnen

Heft 98:
Fachverband Gesenkschmieden, Hagen
Die Arbeitsgenauigkeit beim Gesenkschmieden unter Hämmern

Heft 99:
Prof. Dr.-Ing. G. Garbotz, Aachen
Der Kraft- und Arbeitsaufwand sowie die Leistungen beim Biegen von Bewehrungsstählen in Abhängigkeit von den Abmessungen, den Formen und der Güte der Stähle (Ermittlung von Leistungsrichtlinien)

Heft 100:
Prof. Dr.-Ing. H. Opitz, Aachen
Untersuchungen von elektrischen Antrieben, Steuerungen und Regelungen an Werkzeugmaschinen

VERÖFFENTLICHUNGEN DER ARBEITSGEMEINSCHAFT FÜR FORSCHUNG DES LANDES NORDRHEIN-WESTFALEN

Im Auftrage des Ministerpräsidenten Karl Arnold

Herausgegeben von Staatssekretär Prof. Leo Brandt

Heft 1:
Prof. Dr.-Ing. Friedrich Seewald, Technische Hochschule Aachen
Neue Entwicklungen auf dem Gebiete der Antriebsmaschinen
Prof. Dr.-Ing. Friedrich A. F. Schmidt, Technische Hochschule Aachen
Technischer Stand und Zukunftsaussichten der Verbrennungsmaschinen, insbesondere der Gasturbinen
Dr.-Ing. R. Friedrich, Siemens-Schuckert-Werke A.-G., Mülheimer Werk
Möglichkeiten und Voraussetzungen der industriellen Verwertung der Gasturbine

Heft 2:
Prof. Dr.-Ing. Wolfgang Riezler, Universität Bonn
Probleme der Kernphysik
Prof. Dr. phil. Fritz Micheel, Universität Münster,
Isotope als Forschungsmittel in der Chemie und Biochemie

Heft 3:
Prof. Dr. med. Emil Lehnartz, Universität Münster
Der Chemismus der Muskelmaschine
Prof. Dr. med. Gunther Lehmann, Direktor des Max-Planck-Instituts für Arbeitsphysiologie, Dortmund
Physiologische Forschung als Voraussetzung der Bestgestaltung der menschlichen Arbeit
Prof. Dr. Heinrich Kraut, Max-Planck-Institut für Arbeitsphysiologie, Dortmund
Ernährung und Leistungsfähigkeit

Heft 4:
Prof. Dr. Franz Wever, Max-Planck-Institut für Eisenforschung, Düsseldorf
Aufgaben der Eisenforschung
Prof. Dr.-Ing. Hermann Schenck, Technische Hochschule Aachen
Entwicklungslinien des deutschen Eisenhüttenwesens
Prof. Dr.-Ing. Max Haas, Techn. Hochschule Aachen
Wirtschaftliche und technische Bedeutung der Leichtmetalle und ihre Entwicklungsmöglichkeiten

Heft 5:
Prof. Dr. med. Walter Kikuth, Medizinische Akademie Düsseldorf
Virusforschung
Prof. Dr. Rolf Danneel, Universität Bonn
Fortschritte der Krebsforschung
Prof. Dr. med. Dr. phil. W. Schulemann, Univ. Bonn
Wirtschaftliche und organisatorische Gesichtspunkte für die Verbesserung unserer Hochschulforschung

Heft 6:
Prof. Dr. Walter Weizel, Institut für theoretische Physik, Bonn
Die gegenwärtige Situation der Grundlagenforschung in der Physik
Prof. Dr. Siegfried Strugger, Universität Münster
Das Duplikantenproblem in der Biologie
Prof. Dr. Rolf Danneel, Universität Bonn
Über das Verhalten der Mitochondrien bei der Mitose der Mesenchymzellen des Hühner-Embryos
Direktor Dr. Fritz Gummert, Ruhrgas A.-G., Essen
Überlegungen zu den Faktoren Raum und Zeit im biologischen Geschehen und Möglichkeiten einer Nutzanwendung

Heft 7:
Prof. Dr.-Ing. August Götte, Technische Hochschule Aachen
Steinkohle als Rohstoff und Energiequelle
Prof. Dr. e. h. Karl Ziegler, Max-Planck-Institut für Kohlenforschung Mülheim a. d. Ruhr
Über Arbeiten des Max-Planck-Instituts für Kohlenforschung

Heft 8:
Prof. Dr.-Ing. Wilhelm Fucks, Technische Hochschule Aachen
Die Naturwissenschaft, die Technik und der Mensch
Prof. Dr. sc. pol. Walther Hoffmann, Universität Münster
Wirtschaftliche und soziologische Probleme des technischen Fortschritts

Heft 9:
Prof. Dr.-Ing. Franz Bollenrath, Technische Hochschule Aachen
Zur Entwicklung warmfester Werkstoffe
Dr. Heinrich Kaiser, Staatl. Materialprüfungsamt Dortmund
Stand spektralanalytischer Prüfverfahren und Folgerung für deutsche Verhältnisse

Heft 10:
Prof. Dr. Hans Braun, Universität Bonn
Möglichkeiten und Grenzen der Resistenzzüchtung
Prof. Dr.-Ing. Carl Heinrich Dencker, Universität Bonn
Der Weg der Landwirtschaft von der Energieautarkie zur Fremdenergie

Heft 11:
Prof. Dr.-Ing. Herwart Opitz, Technische Hochschule Aachen
Entwicklungslinien der Fertigungstechnik in der Metallbearbeitung
Prof. Dr.-Ing. Karl Krekeler, Technische Hochschule Aachen
Stand und Aussichten der schweißtechnischen Fertigungsverfahren

Heft: 12
Dr. Hermann Rathert, Mitglied des Vorstandes der Vereinigten Glanzstoff-Fabriken A.-G., Wuppertal-Elberfeld
Entwicklung auf dem Gebiet der Chemiefaser-Herstellung
Prof. Dr. Wilhelm Weltzien, Direktor der Textilforschungsanstalt Krefeld
Rohstoff und Veredlung in der Textilwirtschaft

Heft: 13
Dr.-Ing. e. h. Karl Herz, Chefingenieur im Bundesministerium für das Post- und Fernmeldewesen Frankfurt a. Main
Die technischen Entwicklungstendenzen im elektrischen Nachrichtenwesen
Ministerialdirektor Dipl.-Ing. Leo Brandt, Düsseldorf
Navigation und Luftsicherung

Heft 14:
Prof. Dr. Burckhardt Helferich, Universität Bonn
Stand der Enzymchemie und ihre Bedeutung
Prof. Dr. med. Hugo W. Knipping, Direktor der Med. Universitätsklinik Köln
Ausschnitt aus der klinischen Carcinomforschung am Beispiel des Lungenkrebses

Heft 15:
Prof. Dr. Abraham Esau, Technische Hochschule Aachen
Die Bedeutung von Wellenimpulsverfahren in Technik und Natur
Prof. Dr.-Ing. Eugen Flegler, Technische Hochschule Aachen
Die ferromagnetischen Werkstoffe in der Elektrotechnik und ihre neueste Entwicklung

Heft 16:
Prof. Dr. rer. pol. Rudolf Seyffert, Universität Köln
Die Problematik der Distribution
Prof. Dr. rer. pol. Theodor Beste, Universität Köln
Der Leistungslohn

Heft 17:
Prof. Dr.-Ing. Friedrich Seewald, Technische Hochschule Aachen
Die Flugtechnik und ihre Bedeutung für den allgemeinen technischen Fortschritt
Prof. Dr.-Ing. Edouard Houdremont, Essen
Art und Organisation der Forschung in einem Industriekonzern

Heft 18:
Prof. Dr. med. Dr. phil. W. Schulemann, Universität Bonn
Theorie und Praxis pharmakologischer Forschung
Prof. Dr. Wilhelm Groth, Direktor des Physikalisch-Chemischen Instituts, Universität Bonn
Technische Verfahren zur Isotopentrennung

Heft 19:
Dipl.-Ing. Kurt Traenckner, Stellvertr. Vorstandsmitglied der Ruhrgas-A.G., Essen
Entwicklungstendenzen der Gaserzeugung

Heft 20:
M. Zvegintzov
Wissenschaftliche Forschung und die Auswertung ihrer Ergebnisse. Ziel und Tätigkeit der National Research Development Corporation
Dr. Alexander King, Department of Scientific & Industrial Research, London
Wissenschaft und internationale Beziehungen

Heft 21:
Prof. Dr. phil. Robert Schwarz, Aachen
Wesen und Bedeutung der Silicium-Chemie
Prof. Dr. Kurt Alder, Universität Köln
Fortschritte in der Synthese von Kohlenstoffverbindungen

Heft 21 a
Jahresfeier der Arbeitsgemeinschaft für Forschung des Landes Nordrhein-Westfalen am 21. 5. 1952 in Düsseldorf mit Ansprachen des Herrn Bundespräsidenten Professor Dr. Theodor Heuss, des Herrn Ministerpräsidenten Arnold, Frau Kultusminister Teusch, der Herren Professor Dr. Hahn, Professor Dr. Strugger, Vizepräsident Dobbert, Professor Dr. Richter, Professor Dr. Fucks.

Heft 22:
Prof. Dr. Johannes von Allesch, Universität Göttingen
Die Bedeutung der Psychologie im öffentlichen Leben
Prof. Dr. med. Otto Graf, Max-Planck-Institut für Arbeitsphysiologie, Dortmund
Triebfedern menschlicher Leistung

Heft 23:
Prof. Dr. phil. Dr. jur. h. c. Bruno Kuske, Universität Köln
Probleme der Raumforschung
Prof. Dr. Dr.-Ing. e. h. Prager
Städtebau und Landesplanung

Heft 24:
Prof. Dr. Rolf Danneel, Universität Bonn
Über die Wirkungsweise der Erbfaktoren
Prof. Dr. K. Herzog, Medizinische Akademie Düsseldorf
Bewegungsbedarf der menschlichen Gliedmaßengelenke bei der Berufsarbeit

Heft 25:
Prof. Dr. O. Haxel, Heidelberg
Energiegewinnung aus Kernprozessen
Dr. Dr. Max Wolf, Düsseldorf
Gegenwartsprobleme der energiewirtschaftlichen Forschung

Heft 26:
Prof. Dr. Friedrich Becker, Universität Bonn
Ultrakurzwellen aus dem Weltraum, ein neues Forschungsgebiet der Astronomie
Dozent Dr. H. Straßl, Bonn
Bemerkenswerte Doppelsterne und das Problem der Sternentwicklung

Heft 27:
Prof. Dr. Heinrich Behnke, Universität Münster
Der Strukturwandel der Mathematik in der ersten Hälfte des 20. Jahrhunderts
Prof. Dr. E. Sperner, Bonn
Eine mathematische Analyse der Luftdruckverteilungen in großen Gebieten

Heft 28:
Prof. Dr. O. Niemczyk, Aachen
Die Problematik gebirgsmechanischer Vorgänge im Steinkohlenbergbau
Prof. Dr. W. Ahrens, Krefeld
Die Bedeutung geologischer Forschung für die Wirtschaft, besonders in Nordrhein-Westfalen

Heft 29:
Prof. Dr. B. Rensch, Münster
Das Problem der Residuen bei Lernleistungen
Prof. Dr. H. Fink, Köln
Über Leberschäden bei der Bestimmung des biologischen Wertes verschiedener Eiweiße von Mikroorganismen

Heft 30:
Prof. Dr.-Ing. F. Seewald, Aachen
Forschungen auf dem Gebiete der Aerodynamik
Prof. Dr.-Ing. K. Leist, Aachen
Forschungen in der Gasturbinentechnik

Heft 31:
Direktor Dr. F. Mietzsch, Wuppertal
Chemie und wirtschaftliche Bedeutung der Sulfonamide
Prof. Dr. G. Domagk, Wuppertal
Die experimentellen Grundlagen der Chemotherapie der bakteriellen Infektionen

Heft 32:
Prof. Dr. Hans Braun, Universität Bonn
Die Verschleppung von Pflanzenkrankheiten und -schädlingen über die Welt
Prof. Dr. Wilhelm Rudorf, Max-Planck-Institut für Züchtungsforschung, Voldagsen
Der Beitrag von Genetik und Züchtung zur Bekämpfung von Viruskrankheiten der Nutzpflanzen

Heft 33:
Prof. Dr.-Ing. V. Aschoff, Aachen
Probleme der elektroakustischen Einkanalübertragung
Prof. Dr.-Ing. H. Döring, Aachen
Erzeugung und Verstärkung von Mikrowellen

Heft 34:
Geheimrat Prof. Dr. Rudolf Schenck, Aachen
Bedingungen und Gang der Kohlenhydratsynthese im Licht
Prof. Dr. Emil Lehnartz, Universität Münster
Die Endstufen des Stoffabbaus im Organismus

Heft 35:
Prof. Dr.-Ing. H. Schenk, Aachen
Gegenwartsprobleme der Eisenindustrie in Deutschland
Prof. Dr.-Ing. E. Piwowarsky, Aachen
Gelöste und ungelöste Probleme des Gießereiwesens

Heft 36:
Prof. Dr. W. Riezler, Bonn
Teilchenbeschleuniger
Prof. Dr. med. G. Schubert, Hamburg
Anwendung neuer Strahlenquellen in der Krebstherapie

Heft 37:
Prof. Dr. F. Lotze, Münster
Probleme der Gebirgsbildung
Bergwerksdirektor Bergassessor a. D. Rauschenbach, Essen
Die Erhaltung der Förderungskapazität des Ruhrbergbaues auf lange Sicht

Heft 38:
Dr. E. C. Cherry, D. Sc., A.M.I.E.E., London
Cybernetics
Prof. Dr. E. Pietsch, Clausthal-Zellerfeld
Dokumentation und mechanisches Gedächtnis — zur Frage der Ökonomie der geistigen Arbeit

Heft 39:
Dr. H. Haase, Hamburg
Infrarot und seine technischen Anwendungen
Prof. Dr. A. Esau, Aachen
Die Bedeutung des Ultraschalls für technische Anwendungsgebiete

Heft 40:
Bergassessor F. Lange, Bochum-Hordel
Die wissenschaftliche und soziale Bedeutung der Silikose im Bergbau
Prof. Dr. W. Kikuth, Düsseldorf
Die Entstehung der Silikose und ihre Verbreitungsmaßnahmen

Heft 40a:
Prof. Dr. E. Groß, Bonn
Berufskrebs und Krebsforschung
Prof. Dr. H. W. Knipping, Köln
Die Situation der Krebsforschung vom Standpunkt der Klinik und des praktischen Arztes

Geisteswissenschaften

Heft 1:
Prof. Dr. W. Richter, Bonn
Die Bedeutung der Geisteswissenschaften für die Bildung unserer Zeit
Prof. Dr. J. Ritter, Münster
Die aristotelische Lehre vom Ursprung und Sinn der Theorie

Heft 2:
Prof. Dr. J. Kroll, Köln
Elysium
Prof. Dr. G. Jachmann, Köln,
Die vierte Ekloge Vergils

Heft 3:
Prof. Dr. H. E. Stier, Münster
Die klassische Demokratie

Heft 4:
Prof. Dr. W. Caskel, Köln
Lihjan und Lihjanisch. Sprache und Kultur eines früharabischen Königreiches

Heft 5:
Prof. Dr. Th. Ohm, Münster
Stammesreligionen im südlichen Tanganyika-Territorium. — Religionswissenschaftliche Ergebnisse meiner Ostafrikareise 1951

Heft 6:
Prälat Prof. Dr. G. Schreiber, Münster
Deutsche Wissenschaftspolitik von Bismarck bis zum Atomphysiker Otto Hahn

Heft 7:
Prof. Dr. W. Holtzmann, Bonn
Das mittelalterliche Imperium und die werdenden Nationen

Heft 8:
Prof. Dr. W. Caskel, Köln
Die Bedeutung der Beduinen in der Geschichte der Araber

Heft 9:
Prälat Prof. Dr. G. Schreiber, Münster
Iroschottische und angelsächsische Kultureinflüsse im Mittelalter

Heft 10:
Prof. Dr. P. Rassow, Köln
Forschungen zur Reichsidee im 16. und 17. Jahrhundert

Heft 11:
Prof. Dr. H. E. Stier, Münster
Roms Aufstieg zur Weltherrschaft

Heft 12:
Prof. Dr. D. K. H. Rengstorf, Münster
Zum Problem der Gleichberechtigung zwischen Mann und Frau auf dem Boden des Urchristentums
Prof. Dr. H. Conrad, Bonn,
Grundprobleme einer Reform des Familienrechts

Heft 13:
Professor Dr. Max Braubach, Bonn,
Der Weg zum 20. Juli 1944 — Ein Forschungsbericht

Heft 14:
Prof. Dr. Paul Hübinger, Münster
Das deutsch-französische Verhältnis und seine mittelalterlichen Grundlagen

Heft 15:
Prof. Dr. Franz Steinbach, Bonn
Der geschichtliche Weg des wirtschaftenden Menschen in die soziale Freiheit und politische Verantwortung

Heft 16:
Prof. Dr. Josef Koch, Köln
Die Ars coniecturalis des Nikolaus von Cues

Heft 17:
Dr. James B. Conant,
U.S.-Hochkommissar für Deutschland
Staatsbürger und Wissenschaftler
Prof. Dr. D. Karl Heinrich Rengstorf, Münster
Antike und Christentum

Heft 18:
Prof. Dr. Richard Alewyn, Köln
Klopstocks Publikum

Heft 19:
Prof. Dr. Fritz Schalk, Köln
Das Lächerliche in der französischen Literatur des Ancien Regime

Heft 20:
Prof. Dr. Ludwig Raiser, Bad Godesberg
Präsident der Deutschen Forschungsgemeinschaft
Rechtsfragen der Mitbestimmung

Heft 21:
Prof. D. Martin Noth, Bonn
Das Geschichtsverständnis der alttestamentlichen Apokalyptik

Heft 22:
Prof. Dr. Walter F. Schirmer, Bonn
Glück und Ende der Könige in Shakespeares Historien

Heft 23:
Prof. Dr. Günther Jachmann, Köln
Der homerische Schiffskatalog und die Ilias

Heft 24:
Prof. Dr. Theodor Klauser, Bonn
Die römischen Petrustraditionen im Lichte der neuen Ausgrabungen unter der Peterskirche

Heft 25:
Prof. Dr. Hans Peters, Köln
Der Grundsatz der Gewaltentrennung in heutiger Sicht

If you have any concerns about our products,
you can contact us on
ProductSafety@springernature.com

In case Publisher is established outside the EU,
the EU authorized representative is:
Springer Nature Customer Service Center GmbH
Europaplatz 3, 69115 Heidelberg, Germany

Printed by Libri Plureos GmbH
in Hamburg, Germany